室内设计节点构造抄绘手册

INDOOR STRUCTURAL NODE DRAWING MANNUAL

陈郡东
赵　鲲
朱小斌
周遐德
著

广西师范大学出版社
·桂林·

图书在版编目（CIP）数据

室内设计节点构造抄绘手册 / 陈郡东等著 .—桂林：广西师范大学出版社，2021.10

ISBN 978-7-5598-3663-2

Ⅰ. ①室… Ⅱ. ①陈… Ⅲ. ①室内装饰设计-手册
Ⅳ. ① TU238.2-62

中国版本图书馆 CIP 数据核字（2021）第 047675 号

室内设计节点构造抄绘手册
SHINEI SHEJI JIEDIAN GOUZAO CHAOHUI SHOUCE

策划编辑：高　巍
责任编辑：冯晓旭
助理编辑：马竹音
装帧设计：六　元

广西师范大学出版社出版发行
（广西桂林市五里店路 9 号　　邮政编码：541004
网址：http://www.bbtpress.com）

出版人：黄轩庄
全国新华书店经销
销售热线：021-65200318　021-31260822-898
恒美印务（广州）有限公司印刷
（广州市南沙区环市大道南路 334 号　邮政编码：511458）
开本：889mm × 1 194mm　1/16
印张：9.25　插页：44　字数：11 千字
2021 年 10 月第 1 版　　2021 年 10 月第 1 次印刷
定价：138.00 元

目　录

导　言

一、室内设计师究竟要掌握多少现场知识？

很多室内设计师都有这样的困惑：

- 设计做完后，因为技术原因落不了地；
- 自己认为可以做到的工艺做法，施工队却说做不出来；
- 模型建完，渲染完成，设计在经过了反复推敲和打磨后，终于确定了效果，最后却不知道怎么实现，成本是多少；
- 看了很多规范图纸、节点图集，但是面对实际的设计案例时，还是画不出节点图；
- 自己想学习关于工艺节点的知识，但是不知道应该从哪里下手……

如果你有以上困惑，本书或许可以帮你解决。

之所以会发生以上现象，一个很重要的原因就是设计师并没有掌握让设计落地的知识体系。也就是说，大多数年轻室内设计师掌握的知识都是关于怎样把一个设计做得好看，而不是把设计做得合理。

举一个例子。在阐述一个设计方案时，设计师可以把自己的设计理念、灵感来源、文化符号、用户分析、动线推导等内容讲得头头是道，因为在设计师看来，如果没有理念的支撑，自己的创意概念、表现形式是站不住脚的。那么，既然在方案设计中是如此，在设计方案的现场落地过程（深化设计、施工现场）中是否也是如此呢？如果只知道图纸上的那些线框怎么画，而连自己画的线框表示什么材料、有什么作用、为什么要用它都不知道，只是照搬标准图集上的做法，那么这和设计师看一些大师的案例时，只看到案例的风格样式，而不知道为什么要在这个空间中应用一样，模仿的永远只是表面的形态。

如果我们在画图时不去思考设计的比例关系、尺度关系、规范标准、成本控制、基层与完成面的关系等因素，只是一味地确保设计的完成，简单地套用国家标准图集，甚至一些不太规范的图集，这种做法和在学校里只为完成作业的做法有什么区别？

所以，我们既然选择了室内设计行业，那么下面这句话应该是每一个新人都要思考的问题：“我到底是在为画图而画图，还是在为做设计而画图？”

室内设计师究竟要掌握多少现场知识？在回答这个问题之前，我们首先应该知道，设计师应该掌握什么样的现场知识。先明确目标，再着手行动。

设计师需要掌握的现场知识有很多，本书的建议是：先掌握构造做法。这里的构造做法指的不是节点图纸，而是在还原设计的过程中，通过应用材料、工艺、设计、收口、成本等知识去还原设计，并指导施工的综合知识系统。

设计师有了这样的知识体系后，就等于有了一个后盾，再遇到施工方说设计落不了地时，我们就可以从容地介绍自己的设计应该如何落地，用什么结合层材料，基层应该怎样做……

回到最初的问题：室内设计师究竟要掌握多少现场知识？本书的建议是：首先了解室内设计的基本构造原理、材料属性、工艺做法、质量通病，在了解了这些基本原理后，大部分的现场问题也就能迎刃而解了。

另外，想要让设计更好地落地，施工现场当然是要多去的。但是，在没有了解足够多的构造做法的基础上，就算有机会去施工现场，也并不知道应该看些什么，学习些什么，所以，先夯实自己的专业知识再去现场学习，才能事半功倍。本书将介绍理解节点做法的底层方法论，这也是学习室内构造节点做法的根本原理。

二、什么是“基点”

本书提到的“基点”是指室内装饰构造做法的基层构造及材质特点（“基点”是为了便于理解而总结出的词汇，非专业术语）。只有理解了根本的构造做法，才能更好地理解节点的构造做法，夯实设计师对施工工艺的理解，为方案的落地打下基础。

也就是说，学习构造做法或者看懂节点图纸的第一步是了解基层构造的做法以及材质的特性，如常见的基层材料，包括轻钢龙骨、阻燃板、石膏板、木方、钢架等看似和设计无关，但又直接影响设计落地的知识，而这些知识，恰恰是设计师最缺乏的。

学习了“基点”的相关知识后，相当于戴上了一副眼镜，再看到室内空间时，你就会去思考空间的方案是怎样落地的，用了什么材料，什么造型，为什么这样做，这样做是否合理，还有哪些其他实现方式等。

三、学习节点的底层方法论

对基层材料和构造原理的不熟悉、不理解和不重视是很多设计师存在的问题。例如，明明知道自己图纸上表述的图例是水泥板的基层，却不知道为什么要用水泥板；一个空间吊顶，文字描述的是矿棉板吊顶，结果材料符号上表示的却是 PT-01- 乳胶漆饰面。造成这样的错误的原因一般是设计师随意套用了规范图集的节点图纸，而不考虑其他因素。另外，对没有现场经验的设计师来说，在操作实际项目时，会对构造做法的难度和学习成本存在一定的偏见，认为工艺节点太难、太复杂，不愿意学习，最终形成恶性循环。

对材料和工艺不理解和不熟悉的问题需要通过慢慢积累来解决，但对室内装饰构造做法的学习存在偏见是可以通过掌握合适的学习方法论改变的。

装饰空间与人体构造一样，都可以通过“骨”“肉”“皮”理解。

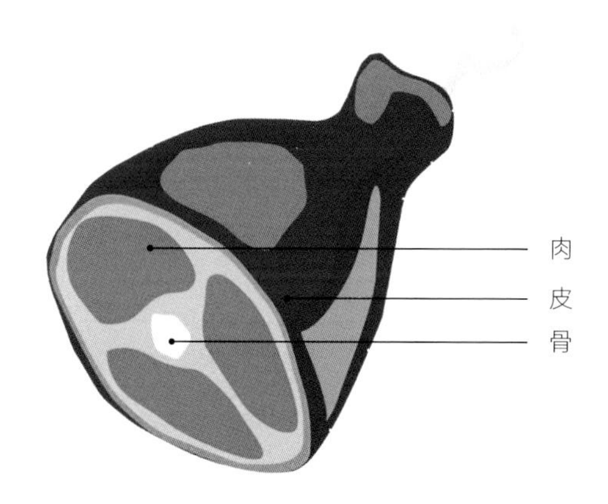

“骨”：骨架与基体

骨架是任何构造的基本载体，也就是所谓的基体，它可以是混凝土、加气块、轻钢龙骨、钢结构，甚至是木头等一切能起到支撑作用的基体。

人的骨头承载着整个身体的重量，骨头的好坏直接影响人的健康状态。同样，一座建筑能否使用长久，并不是看它的收边收口有多么精致，饰面粉刷得多么细腻，而是看它的“骨架”是否稳固，是否存在质量问题。有些建筑可以使用很长时间，就是因为它们的骨架结实，无论饰面被破坏到什么程度，只要建筑图纸还在，就能完全修复。

“肉”：平整与饱满

从某些视角来看，肉是连接骨架与皮肤的缓冲层。如果只有骨头，没有肉的连接与填充，那么一个人不管多么健康，给人的感受也只是一具皮包骨。

构造做法也如此，骨架再稳固，皮肤再好，没有肉的填充，也是不牢固的。这里说的“肉”是指连接饰面与骨架的填充层与缓冲层，如石膏板、阻燃板、金属板、腻子层、找平层、粘接层，甚至是未做表面处理的基层材料本身。

“皮”：饰面与装饰

“皮”是指设计师最终想达到的饰面效果，如使用光面乳胶漆、亚光大理石、酸枝木木饰面、玫瑰金不锈钢做成的饰面，甚至基层板刷油漆的饰面。只要是用于对表面进行刻意处理的装饰材料，都可以被称为“皮”。

从某种意义上来说，当人的身材、外貌都相近时，我们判断一个人的美丑与差异化，很多时候都是通过外表的妆容。在装饰构造上也是如此，同样是混凝土墙刷腻子基层，贴壁纸和刷乳胶漆给人的感受就是不一样的。所以，在进行方案创意时，设计师应该更加关注“皮”的层面，而在后期落地时，则更应该关注“骨”与“肉”。

理解这个模型对我们有什么帮助？在构造做法的领域，任何做法都可以通过“骨”“肉”“皮”来解释并记忆。下面几个节点案例展示了我们应该如何应用“骨肉皮”的思维。

“骨肉皮”思维模型非常简单，也非常重要，本书后面讲到的所有装饰构造和工艺做法都是在这个框架基础上进行的，通过这个模型，设计师可以更容易、更轻松地记忆和分析所有室内装饰构造做法。

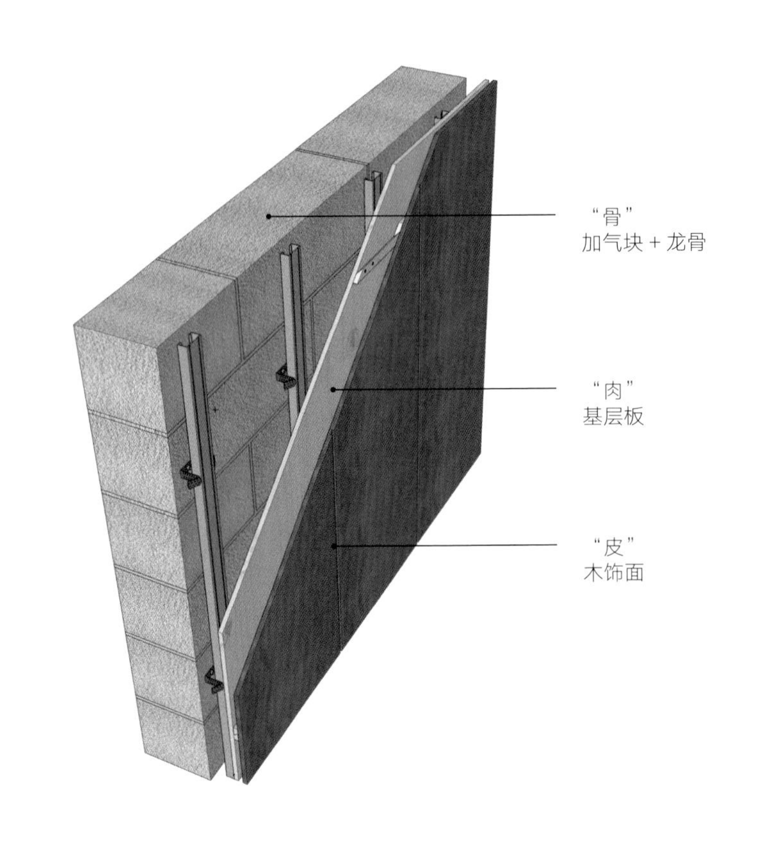

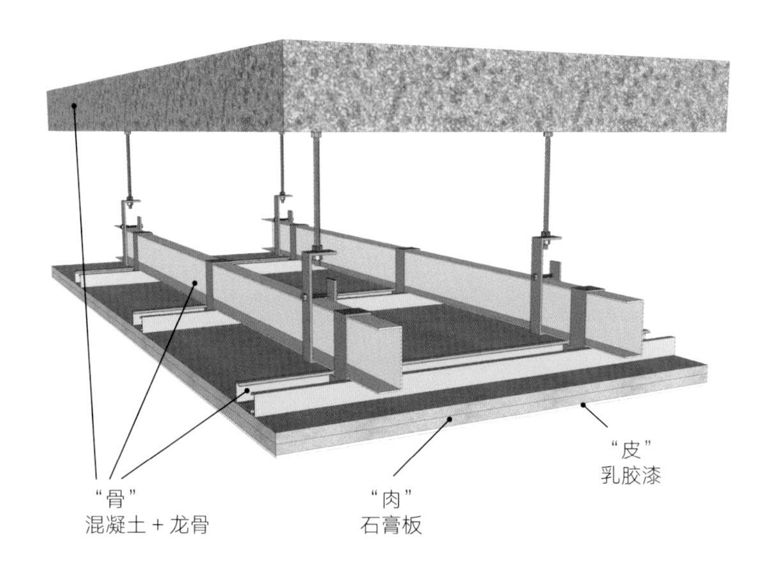
“骨”
混凝土 + 龙骨
“肉”
石膏板
“皮”
乳胶漆

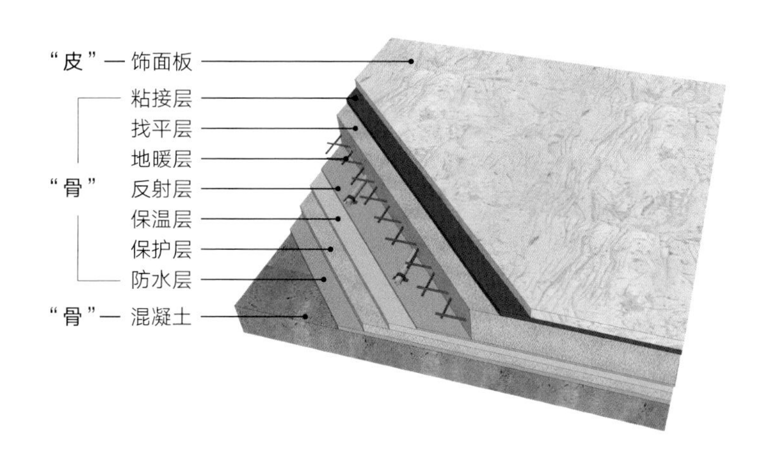
“皮”— 饰面板
粘接层
找平层
地暖层
“骨”
反射层
保温层
保护层
防水层
“骨”— 混凝土

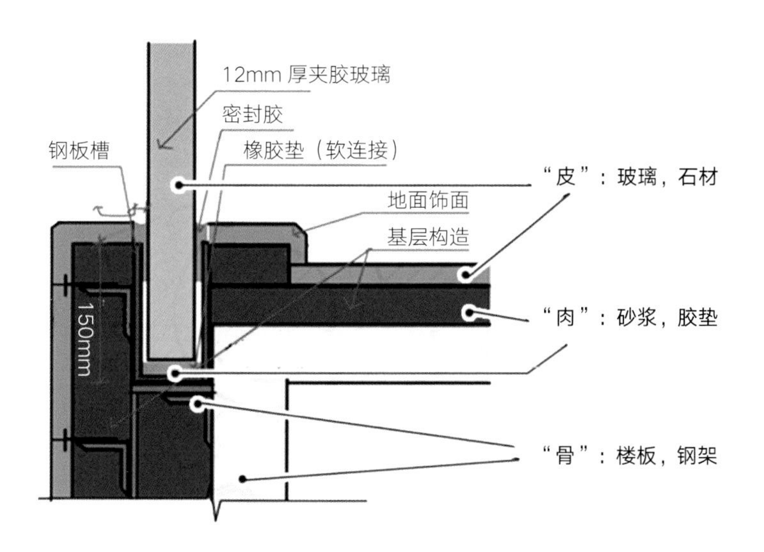
12mm 厚夹胶玻璃
密封胶
钢板槽
橡胶垫（软连接）
“皮”：玻璃，石材
地面饰面
基层构造
150mm
“肉”：砂浆，胶垫
“骨”：楼板，钢架

PROJECT 01

案例一

吊顶与幕墙收口节点图

看图中标号，尝试回答下列问题，并画出图上红色剖切处造型的节点图纸。

① 灯槽跌级的高度做到多少合适？为什么？

② 吊顶怎样才能做到看起来很平整？

③ 该空间的窗帘应该怎样处理？

④ 设计窗帘盒时，需要注意什么？

⑤ 室内构件怎样和玻璃幕墙收口？

根据图片中的问答标号，查看正确答案。

1 灯槽跌级的高度做到多少合适？为什么？

跌级灯槽的高度以 150mm ~ 300mm 为宜，且建议灯带采用 LED 光源。LED 光源体积小、寿命长，相对而言需要检修的情况较少，不间断的光源长度较长，不易出现交接缝。在用于休息的空间中，建议采用暖光灯，色温控制在 3000k ~ 3500k。

2 吊顶怎样才能做到看起来很平整？

简约的大面积吊顶想要做平整难度极大，为保证吊顶平面的平整性和耐久性，必须采用双层石膏板，错缝拼接，板材之间预留 5mm 的缝隙，防止热胀冷缩。

遇到建筑伸缩缝时，基层的龙骨与龙骨之间必须断开，同时应分层批腻子三遍，每遍腻子不宜过厚，以防止脱水收缩，最后喷涂乳胶漆。

3 该空间的窗帘应该怎样处理？

该客房设置了电动卷帘，在设计窗帘时，除了窗帘样式外，更应考虑电源点位、电机大小与安装位置的预留，也要考虑窗帘材质的透光性，双层窗帘的搭接关系，以及窗帘落下时，与幕墙框架之间是否存在缝隙导致漏光等细节问题。

4 设计窗帘盒时，需要注意什么？

在正常情况下，窗帘盒的宽度应大于等于 150mm。同时，根据不同窗帘的重量，应考虑对窗帘盒进行加固处理，如增加基层板厚度，或基层骨架采用角钢加固等。

窗帘盒区域不建议设置灯槽，一是防止打开窗帘时，窗户上的玻璃反光，露出灯带；二是在窗户周围设置灯槽实用性及装饰性均不强，还会增加费用。

5 室内构件怎样和玻璃幕墙收口？

石膏板吊顶与幕墙收口处应尽量设置在幕墙框上，严禁在幕墙框上设置边龙骨，应直接通过密封胶对石膏板与幕墙进行收口。

客房中的隔墙多为轻钢龙骨隔墙，应在隔墙龙骨与幕墙框之间填塞弹性橡胶垫，并通过密封胶密封。

请根据“完成面信息图”给出的相关完成面信息，结合“标准节点参考图”，尝试自己动手画出案例一剖切处的“吊顶与幕墙收口节点图”。

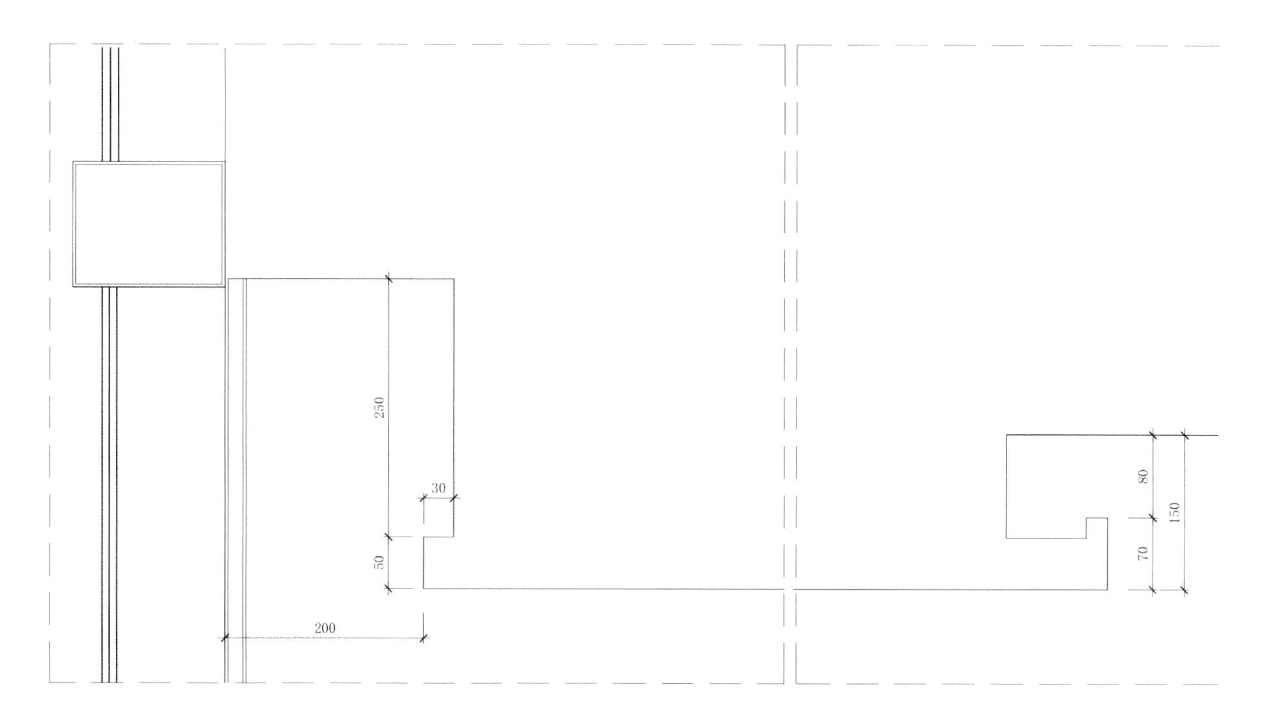

▲ 完成面信息图

请根据下面图纸的完成面信息完成节点图绘制。

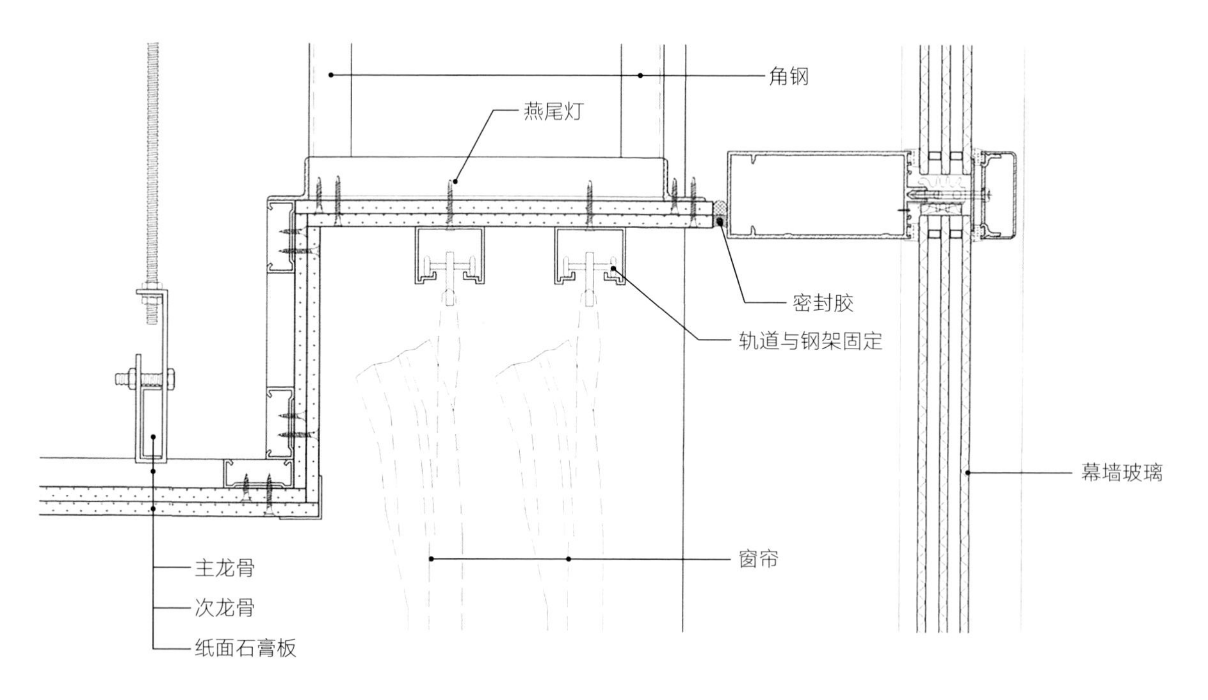

▲ 标准节点参考图

扫码查看视频，教你如何使用标准图集，解决节点问题，完成案例节点的绘制。

扫码之前，请先根据书中提供的卡片兑换《dop 工艺节点提升计划》第一季电子版观看权限。

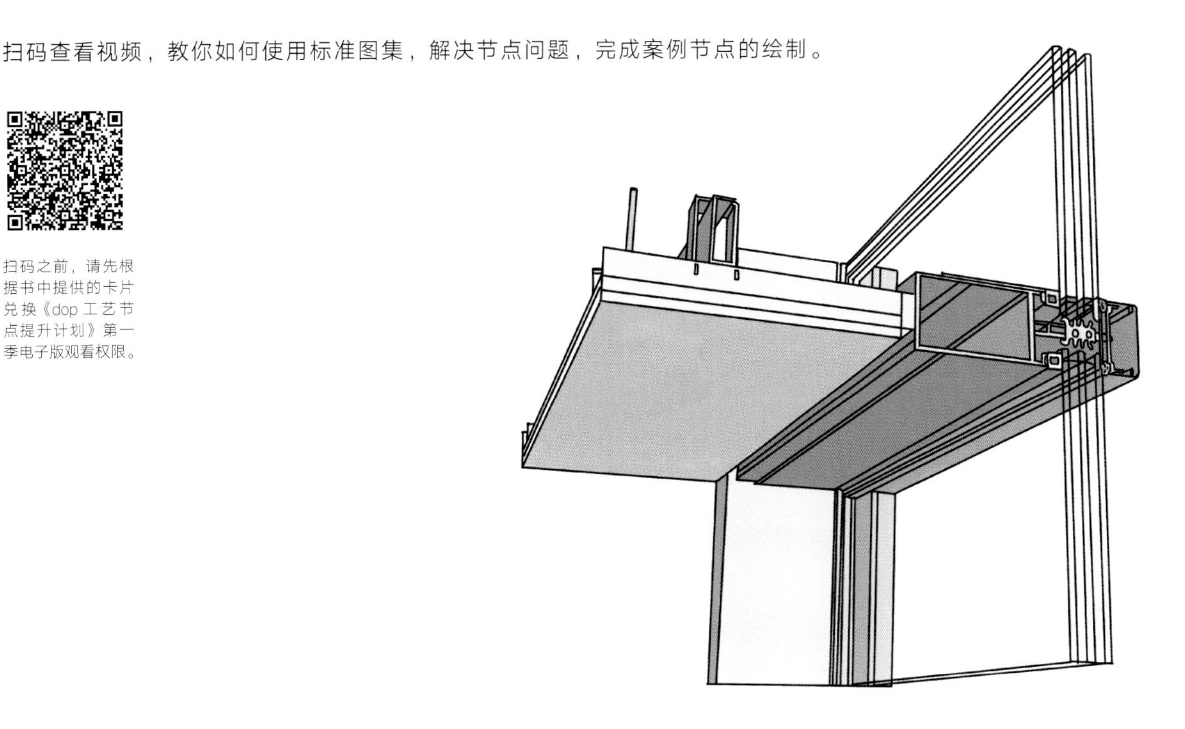

▲ 标准节点参考图（三维示意）

公布答案：

正确的“吊顶与幕墙收口节点图”如下图所示，你画对了吗？

如果没画对，别灰心，建议多临摹几遍正确的图纸，让自己彻底掌握主流的吊顶与幕墙收口节点图画法。还可以通过随书赠送的小卡片兑换课程，在课程附件中找到 CAD 源文件，进行练习。

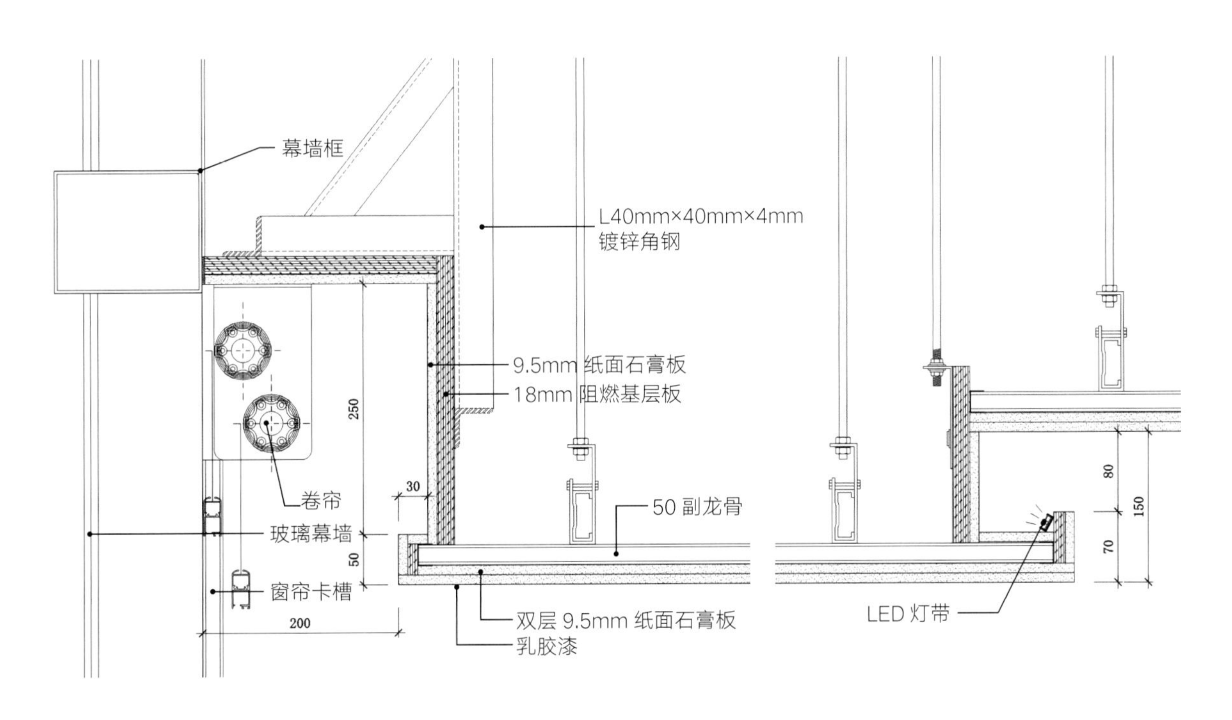

▲ 正确的标准节点图

请跟着正确的节点图画细节。

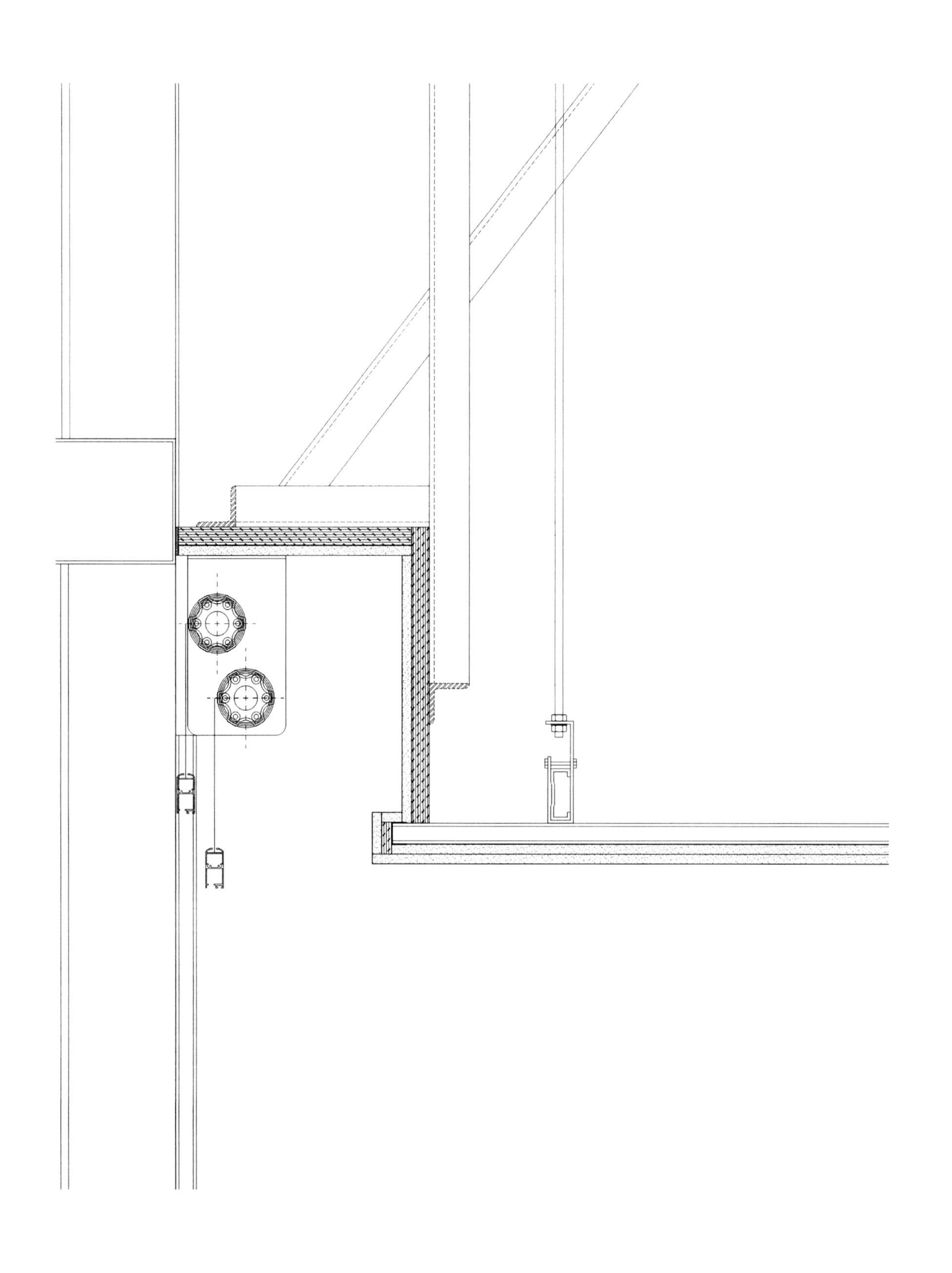

▲ 吊顶与幕墙收口节点图重点部位二次抄绘

▲ 吊顶与幕墙收口节点图重点部位二次抄绘

PROJECT 02

案例二

中庭石材干挂节点图

看图中标号，尝试回答下列问题，并画出图上红色剖切处造型的节点图纸。

① 中庭外墙需要多厚的石材？

② 这种高度的石材饰面应该注意什么？

③ 中庭的空调风口应该怎样设计？

④ 室内设计师需要了解哪些钢结构顶的知识？

⑤ 设计壁灯时，应该注意哪些问题？

根据图片中的问答标号，查看正确答案。

1 中庭外墙需要多厚的石材？

根据规范的要求，用于室内墙面干挂的石材厚度不能小于 20mm（在大多数现场，石材实际厚度为 17mm ~ 18mm），用于幕墙干挂的石材厚度不能小于 25mm。但是，若空间层高较高，且面积较大时，建议在绘制节点图时采用厚度大于等于 25mm 的石材饰面。

2 这种高度的石材饰面应该注意什么？

根据相关规范规定，当室内空间石材饰面的高度大于等于 3.5m 时，必须使用干挂工艺处理。

若室内空间的高度达到此案例的高度（大于等于 18m），则须采用规格不小于 80mm × 80mm 的方管或者同等规格的钢材做基层骨架。采用钢架做基层时，必须用混凝土固定，但在正常情况下，这种外墙的墙体多使用加气块填充，所以对钢架与加气块固定时，须使用对穿螺杆。

若想达到这种石材的效果，但是又要控制造价，可以在大面积平面区域采用真石漆代替石材处理，这样做的话，近看的效果会差很多，但是远观差别不大。

3 中庭的空调风口应该怎样设计？

在图中看不到任何风口的存在，也就是说，该空间在做方案设计时没有考虑后期落地时风口的位置。虽然这是中庭，但只要是密闭的空间，就必须安装空调系统。因此，在深化设计时应根据相关机电设计图匹配装饰立面图，千万不能因为装饰图上没有风口就忽略它直接下单，否则，后期重新在石材上开孔装风口的后果全部要由设计师承担。

在这种大型空间做风口时，建议选择球形风口，因为其空间面积大，对出风口的出风距离有要求，如果采用条形百叶风口，则不能满足距离要求。

4 室内设计师需要了解哪些钢结构顶的知识？

室内设计师更应该关注顶面钢架与顶面收口的关系，其他方面只要不影响装饰构造即可。类似使用什么型号的钢材，玻璃是使用中空玻璃还是热反射玻璃等问题，交由专业的外墙设计单位解决即可。

5 设计壁灯时，应该注意哪些问题？

由图可知，整个中庭空间的照明均依靠这些壁灯，所以在方案设计时，应充分考虑每个壁灯的照度、光照面积、高度与人体身高的协调关系等。在深化设计时，应根据壁灯的重量选择固定方式，比如，固定于石材上，或者单独制作预埋件。同时还应注意电源底盒的预留。

请根据“完成面信息图”给出的相关完成面信息，结合“标准节点参考图”，尝试自己动手画出案例二剖切处的“中庭石材干挂节点图”。

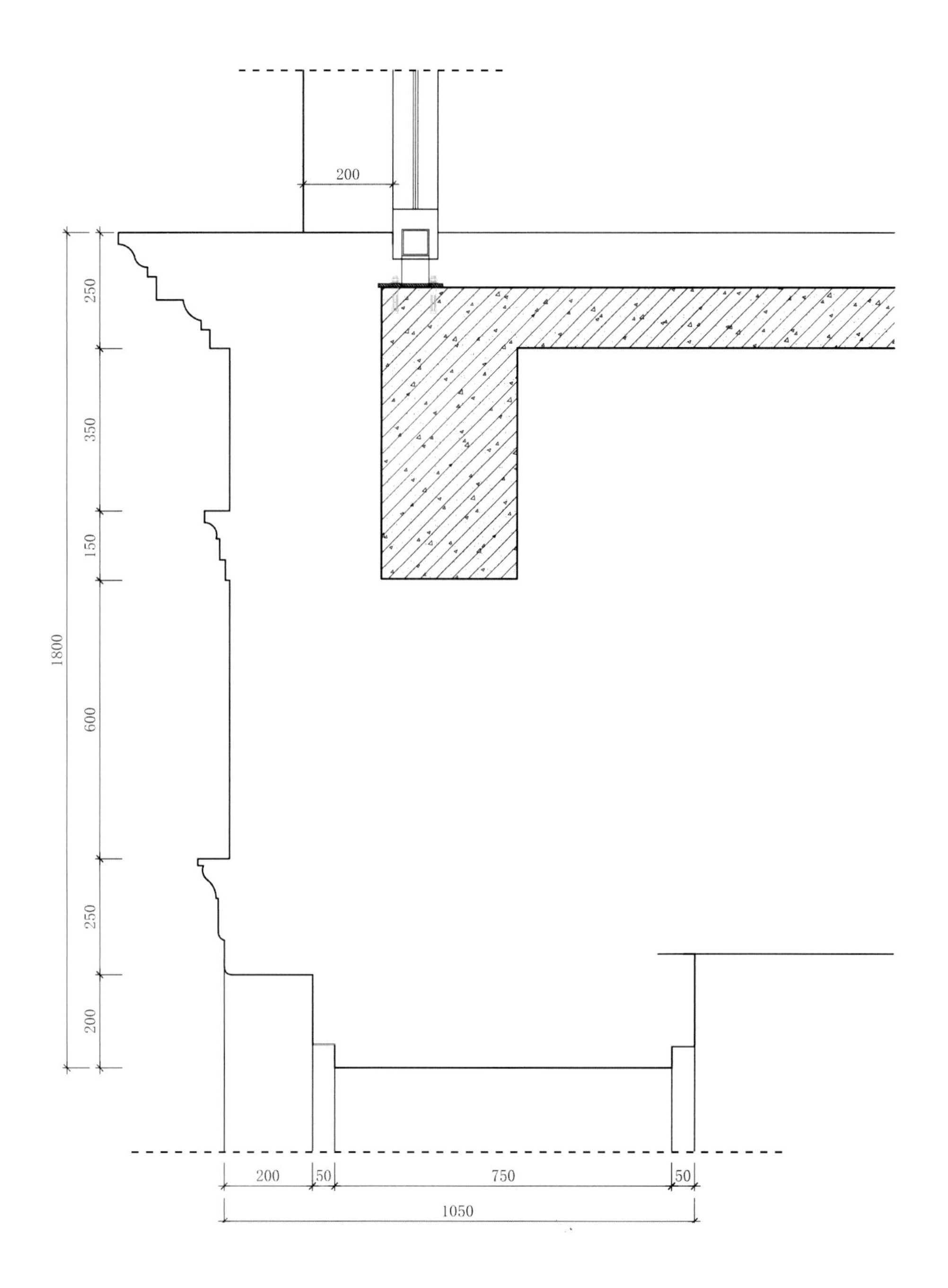

▲ 完成面信息图

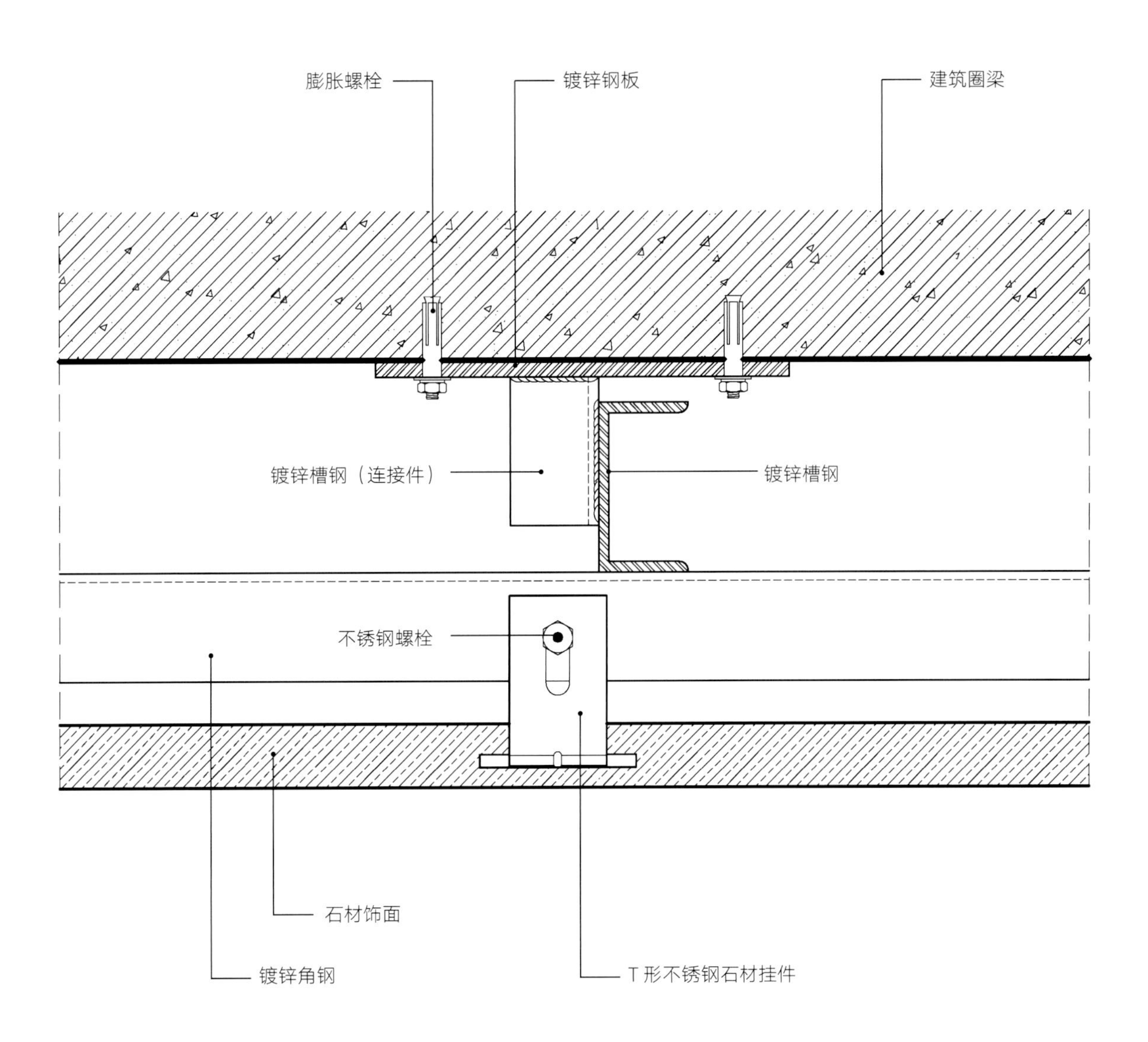

▲ 标准节点参考图

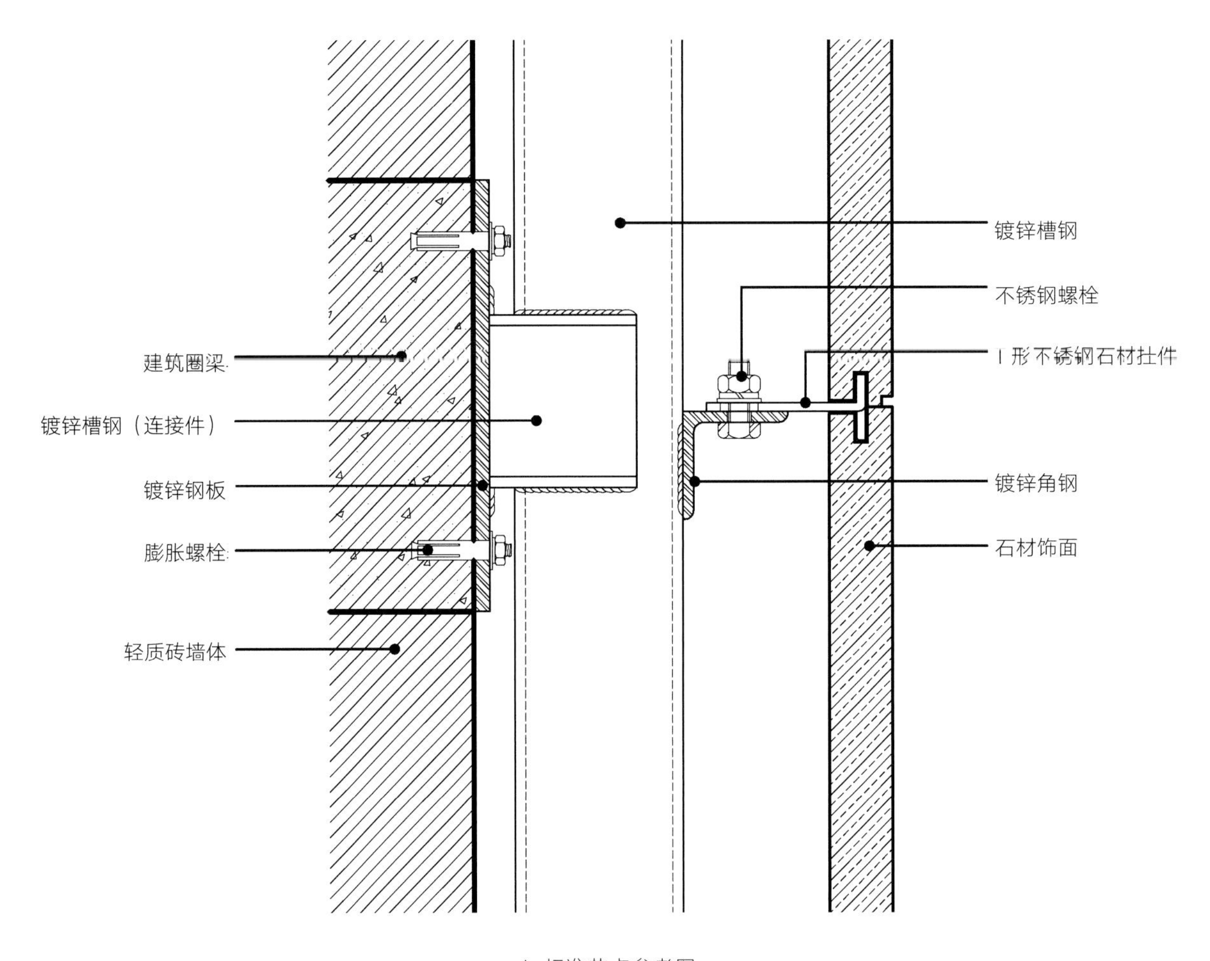

▲ 标准节点参考图

扫码查看视频，教你如何使用标准图集，解决节点问题，完成案例节点的绘制。

扫码之前，请先根据书中提供的卡片兑换《dop 工艺节点提升计划》第一季电子版观看权限。

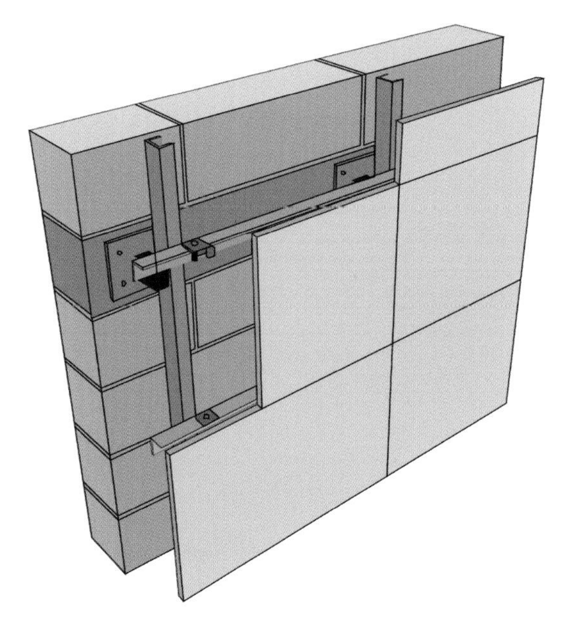

▲ 标准节点参考图（三维示意）

公布答案：

正确的“中庭石材干挂节点图”如下图所示，你画对了吗？
如果没画对，别灰心，建议多临摹几遍正确的图纸，让自己彻底掌握主流的中庭石材干挂节点图画法。

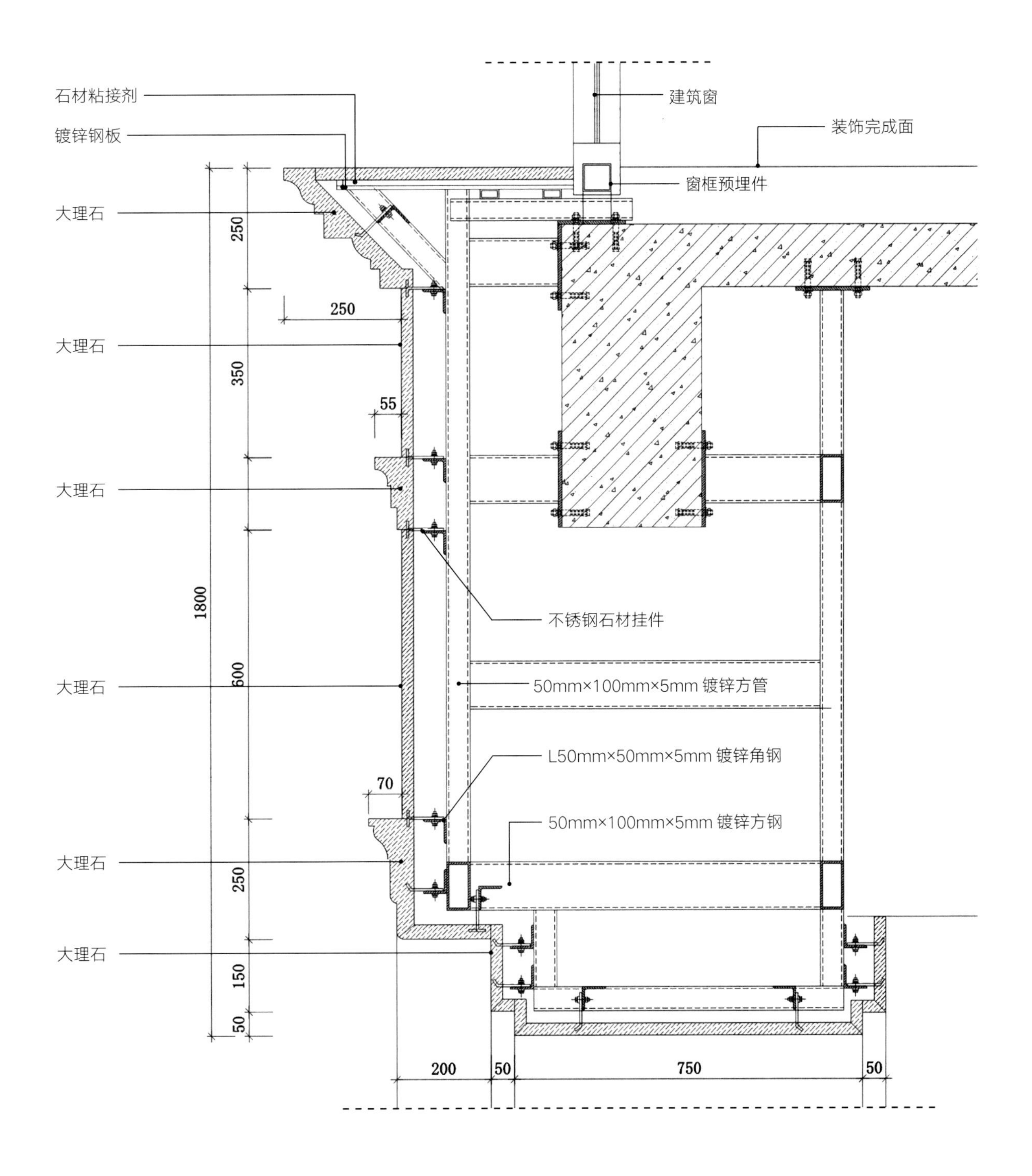

▲ 中庭石材干挂节点图

请跟着正确的节点图画细节。

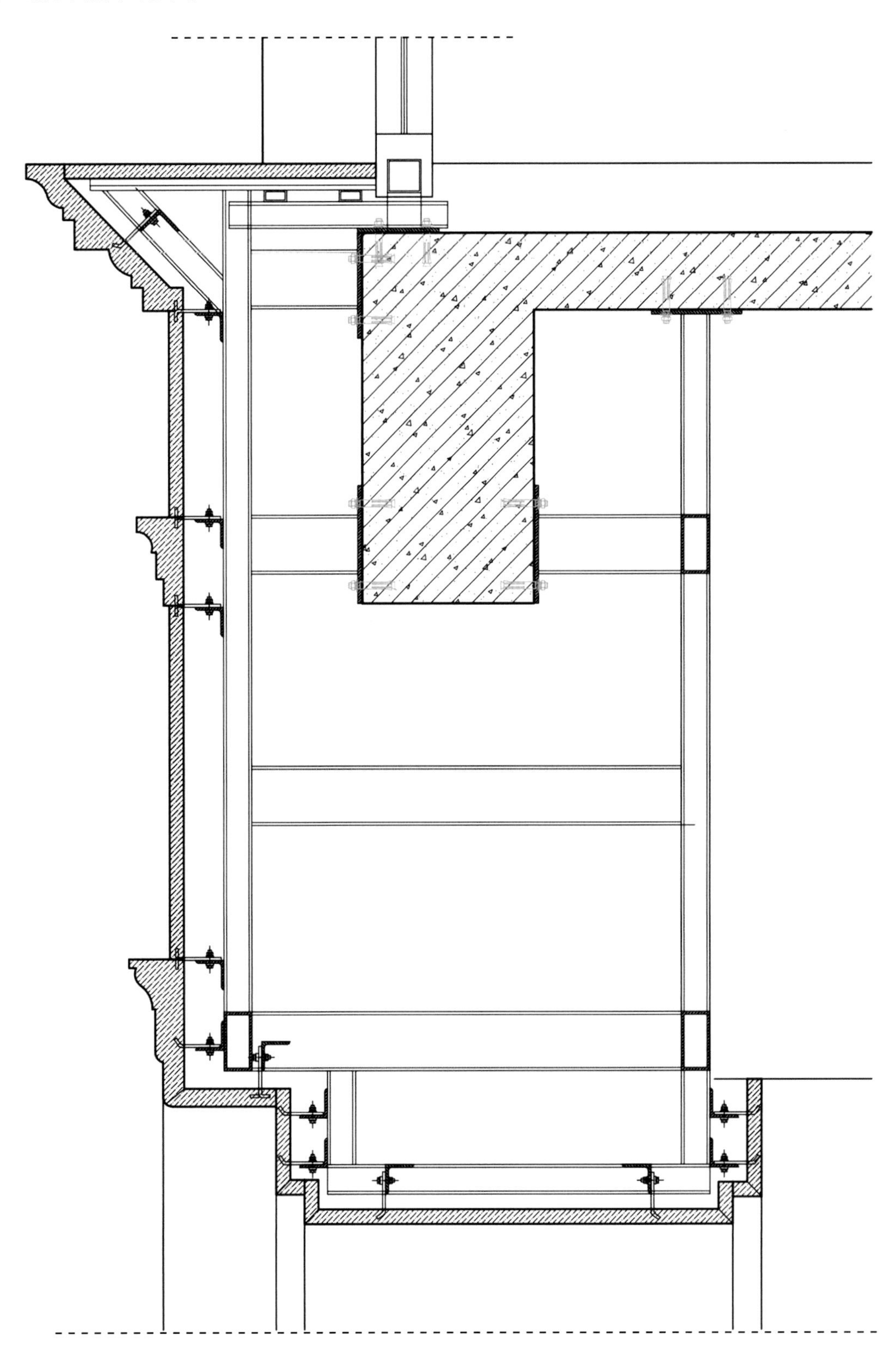

▲ 中庭石材干挂节点图重点部位二次抄绘

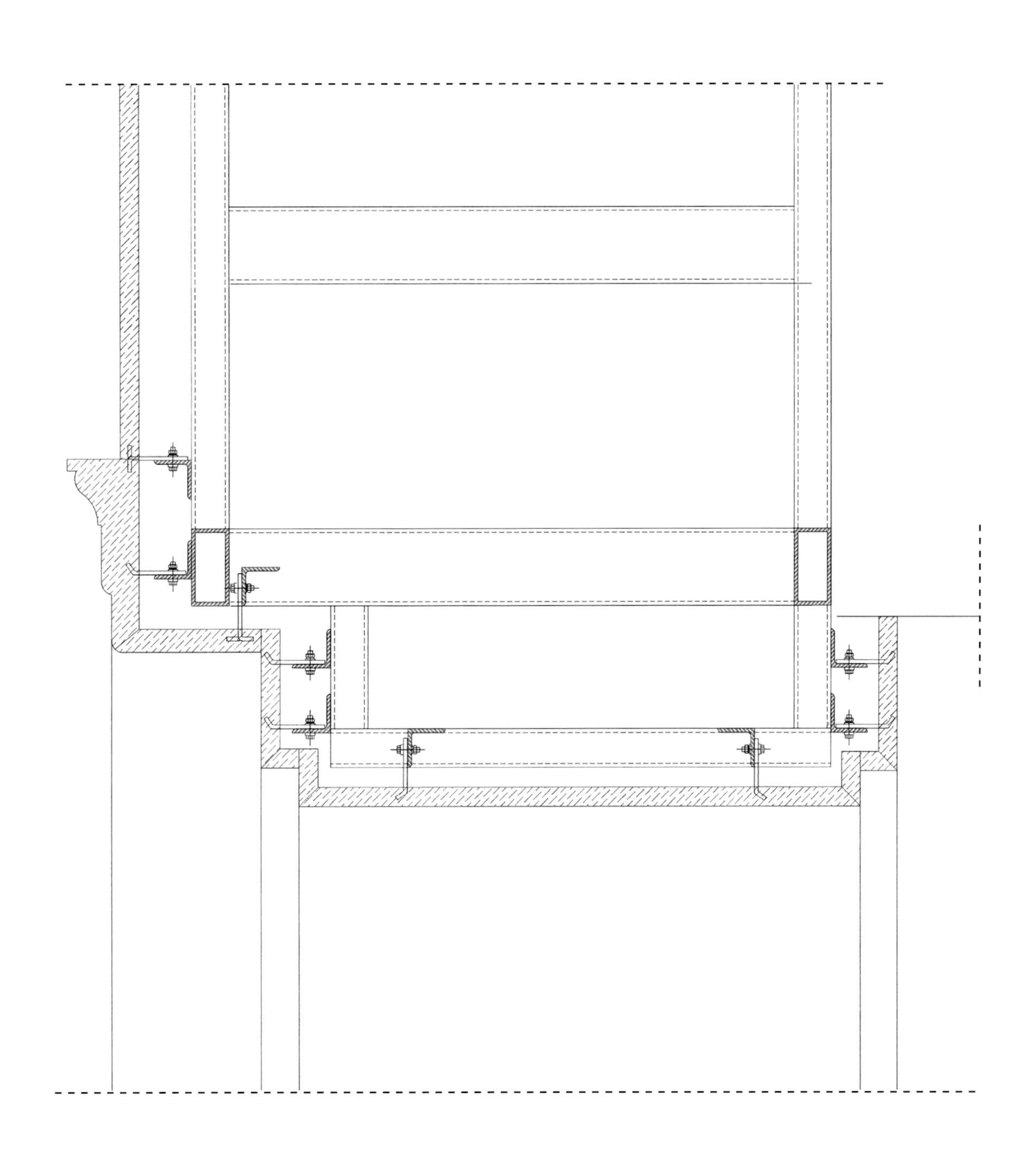

▲ 中庭石材干挂节点图重点部位二次抄绘

PROJECT 03

案例三

悬挑踏步节点图

看图中标号，尝试回答下列问题，并画出图上红色剖切处造型的节点图纸。

① 混凝土楼梯可以达到这样的效果吗？

② 悬挑的石材踏步应该怎样做？

③ 踏步的设计应注意什么？

根据图片中的问答标号，查看正确答案。

1 混凝土楼梯可以达到这样的效果吗？

该案例是典型的钢构楼梯，混凝土楼梯要想达到这样的效果所需的成本很高，因此不建议使用。钢构楼梯最大的优点是其具有高度的可塑性及便捷性，所以楼梯的设计感强时，应考虑采用钢结构。

2 悬挑的石材踏步应该怎样做？

根据空间大小可以推测出该踏步的厚度不会大于 80mm，因为是悬挑的踏步，所以可以判断它的骨架是钢材，因此，建议采用阻燃板和钢板作为基层，通过石材胶粘接石材，进而达到降低完成面厚度的效果。

3 踏步的设计应注意什么？

1. 注意踏步的宽高比：楼梯的踏步宽高比在不同功能空间内会有不同要求，如幼儿园的楼梯踏步宽度应大于等于 260mm，高度小于等于 150mm，而办公楼的踏步宽度应大于等于 260mm，高度小于等于 170mm。所以在设计时，要合理安排踏步的宽高比。

2. 注意踏步台面应防滑：尤其在人流量大的空间内，一定要注意防滑处理。石材、木材、瓷砖等材质的踏步可采用表面拉槽或者嵌条等形式，玻璃踏步则可通过粘贴玻璃纸或用毛玻璃来实现防滑效果。

3. 注意形式的选择：根据相关规范，在经常有幼儿和老年人活动的公共场所中，楼梯的踏步样式是不能采用这种悬挑形式的。

请根据“完成面信息图”给出的相关完成面信息，结合“标准节点参考图”，尝试自己动手画出案例三剖切处的“悬挑踏步节点图”。

▲ 完成面信息图

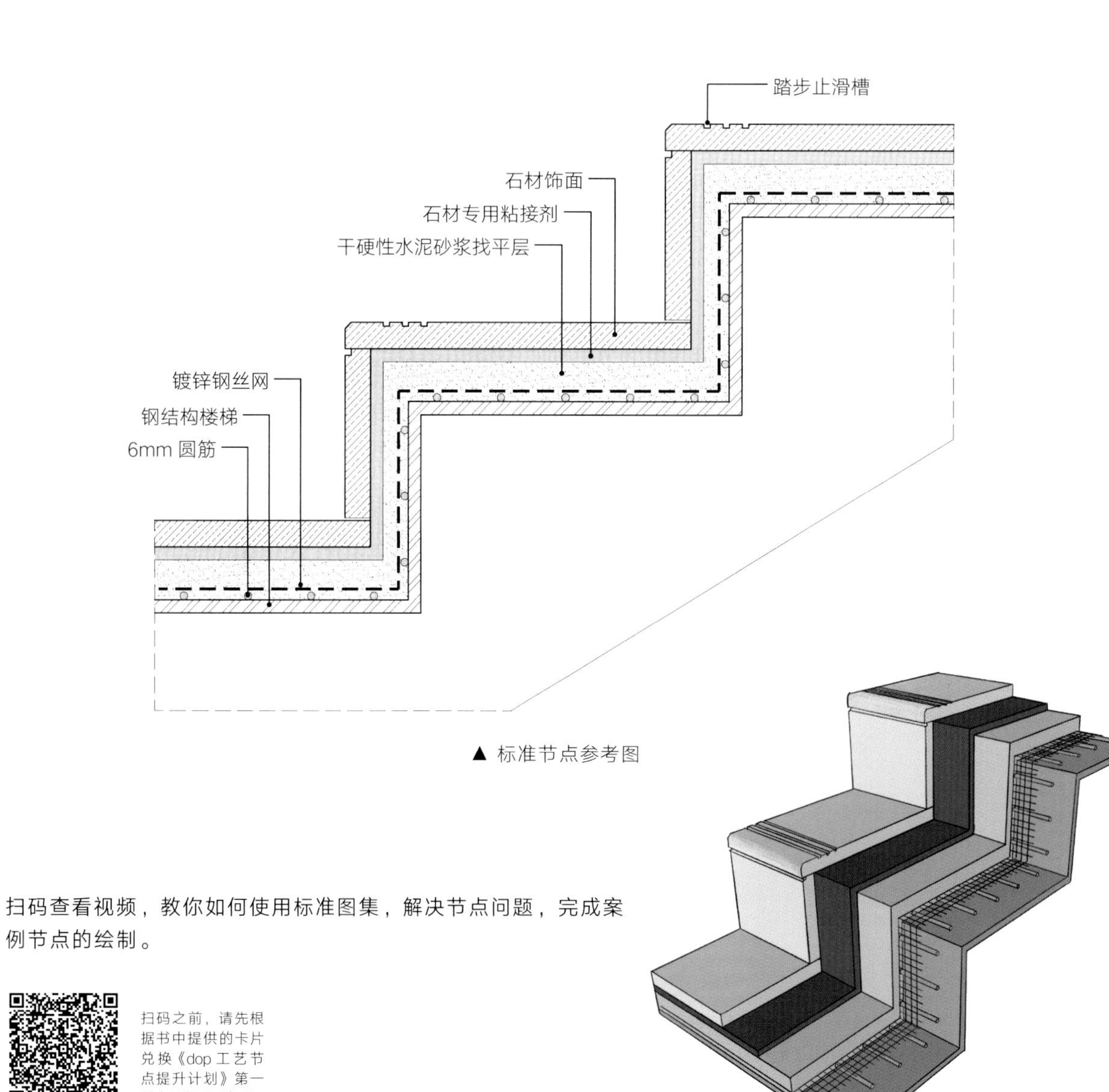

▲ 标准节点参考图

扫码查看视频，教你如何使用标准图集，解决节点问题，完成案例节点的绘制。

扫码之前，请先根据书中提供的卡片兑换《dop 工艺节点提升计划》第一季电子版观看权限。

▲ 标准节点参考图（三维示意）

公布答案：

正确的“悬挑踏步节点图”如下图所示，你画对了吗？
如果没画对，别灰心，建议多临摹几遍正确的图纸，让自己彻底掌握主流的悬挑踏步节点图画法。

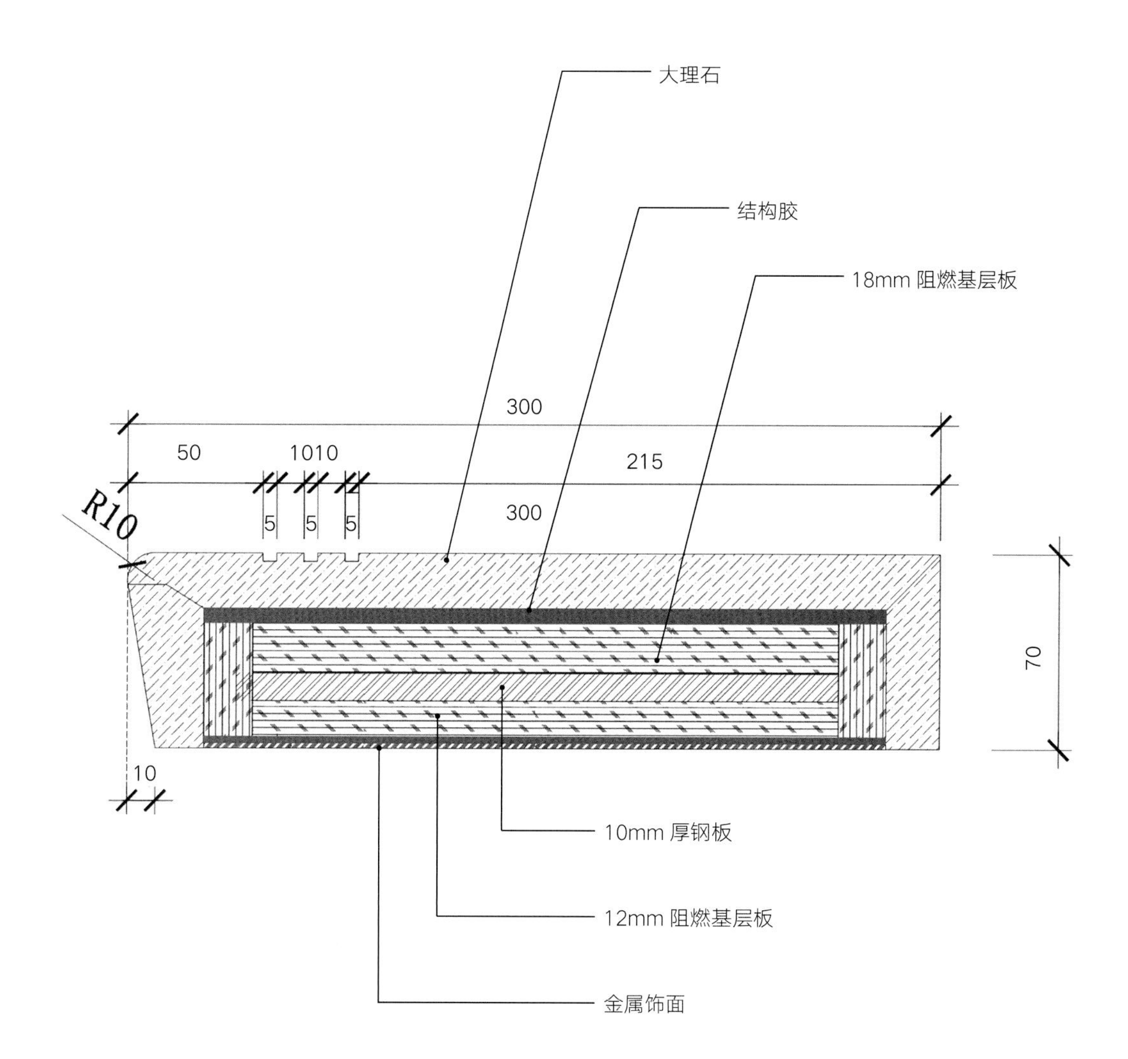

▲ 悬挑踏步节点图

请跟着正确的节点图画细节。

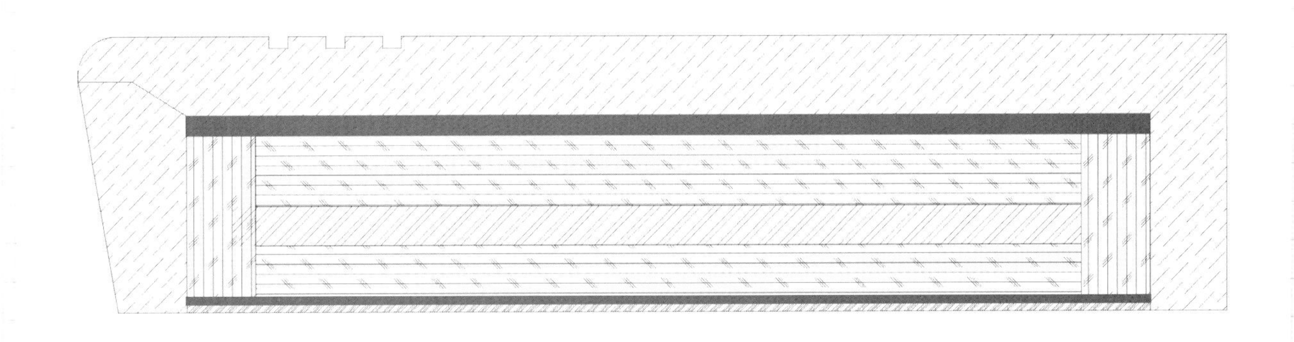

▲ 悬挑踏步节点图重点部位二次抄绘

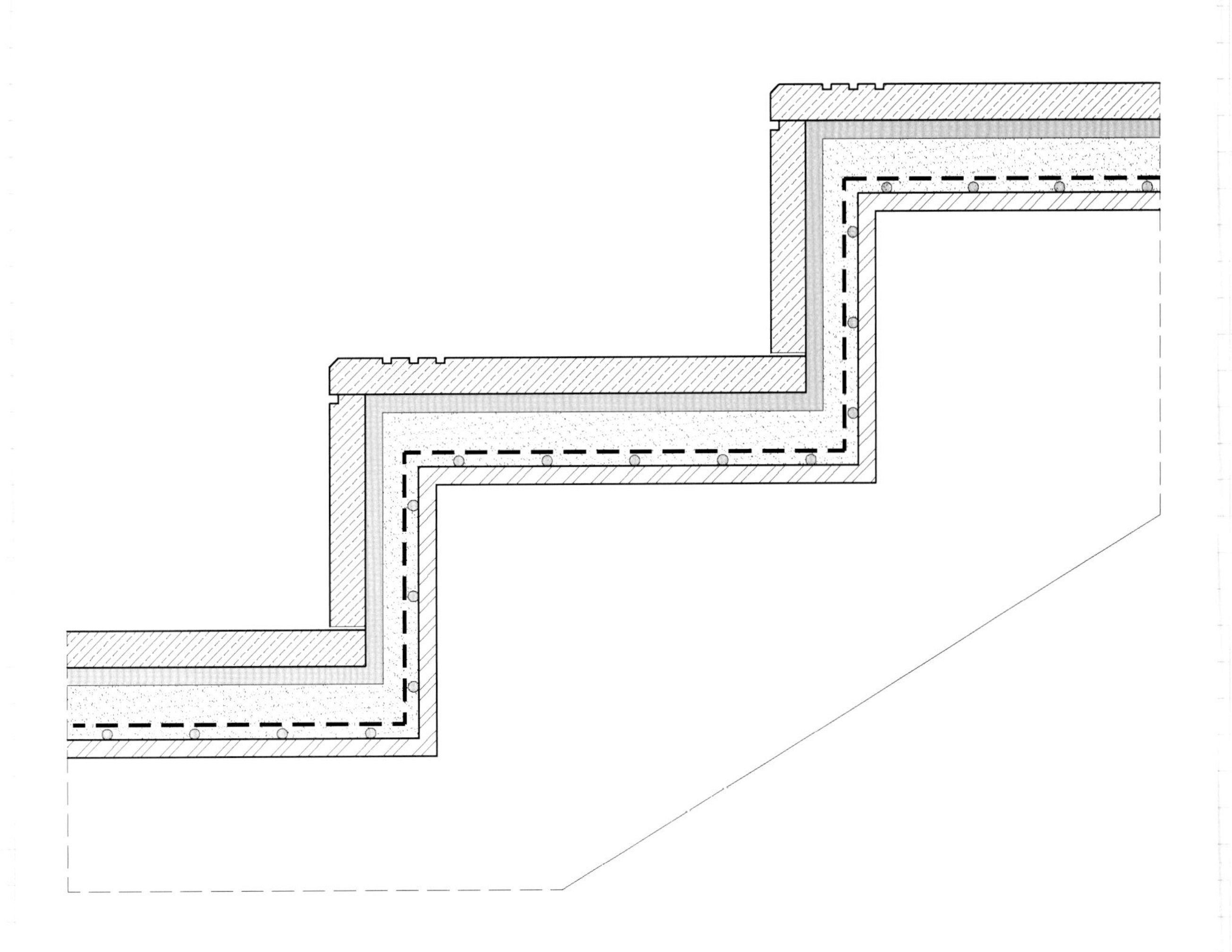

▲ 悬挑踏步节点图重点部位二次抄绘

PROJECT 04

案例四

楼梯栏板节点图

看图中标号，尝试回答下列问题，并画出图上红色剖切处造型的节点图纸。

① 为什么金属栏板没有缝隙？是整体加工的吗？

② 这个凹槽扶手除了美观外，还有其他用处吗？

根据图片中的问答标号，查看正确答案。

1 为什么金属栏板没有缝隙？是整体加工的吗？

楼梯栏板的饰面材料为金属板材（如不锈钢、铝板），饰面不是整体加工而成的，而是厂家根据材料下单图加工金属饰面，并在现场用小块面的金属块拼接，在拼接处使用密缝焊接，并通过原子灰修补，加上油漆饰面，从而达到无缝效果。

当然，还有一种做法是通过粘贴 3M 膜等贴膜材料实现这种既保留了金属质感，又通体无缝的视觉效果

2 这个凹槽扶手除了美观外，还有其他用处吗？

该凹槽是低位扶手，是给小孩使用的栏杆扶手。相关规范规定，楼梯扶手高度不得小于 900mm，且在必要时，可设置低位扶手，方便老人、小孩等特殊群体抓握，低位扶手的高度应在 600mm ~ 650mm 之间。同时，根据人体工程学，楼梯扶手的直径应在 50mm ~ 80mm，因为这个直径范围最适合人的抓握。在设计时，应充分考虑人使用时的舒适度，而不仅仅是考虑设计效果。

请根据“完成面信息图”给出的相关完成面信息，结合“标准节点参考图”，尝试自己动手画出案例四剖切处的“楼梯栏板节点图”。

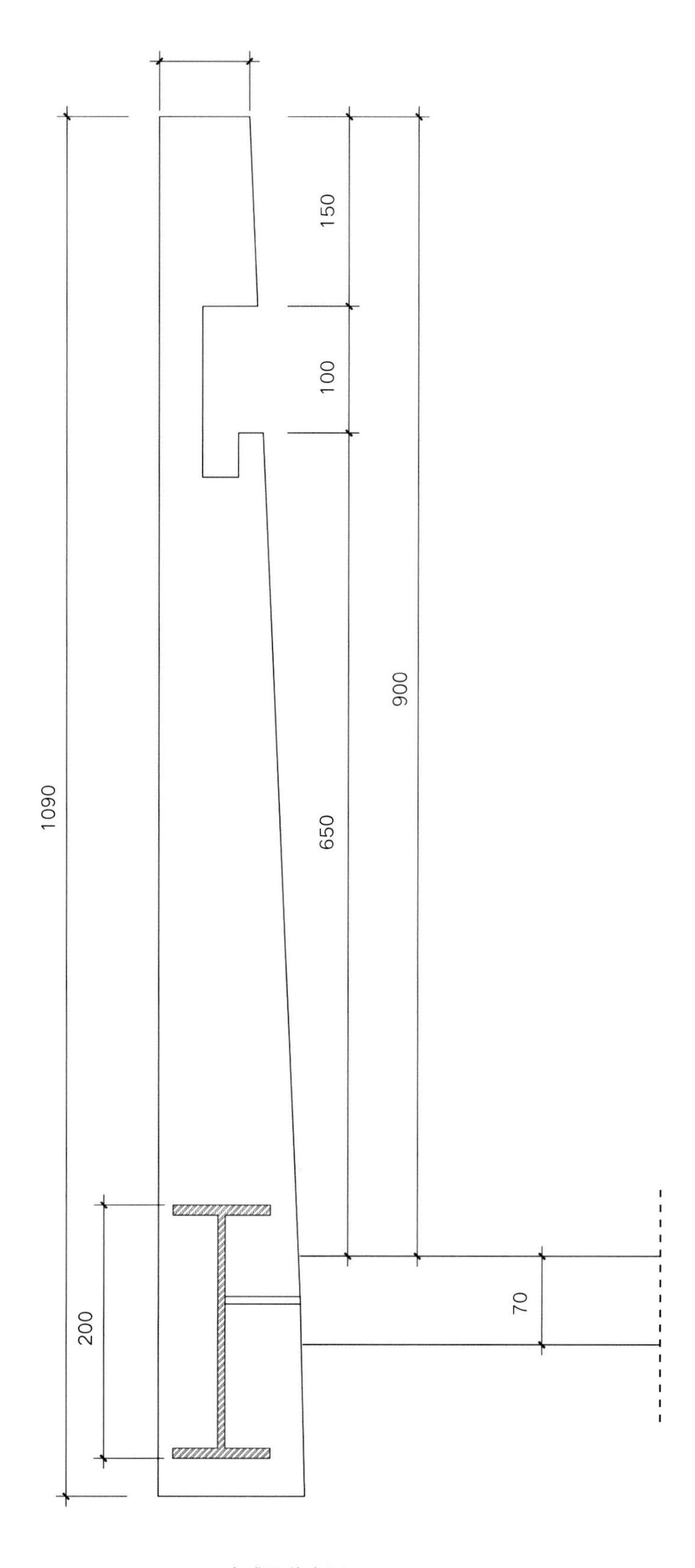

▲ 完成面信息图

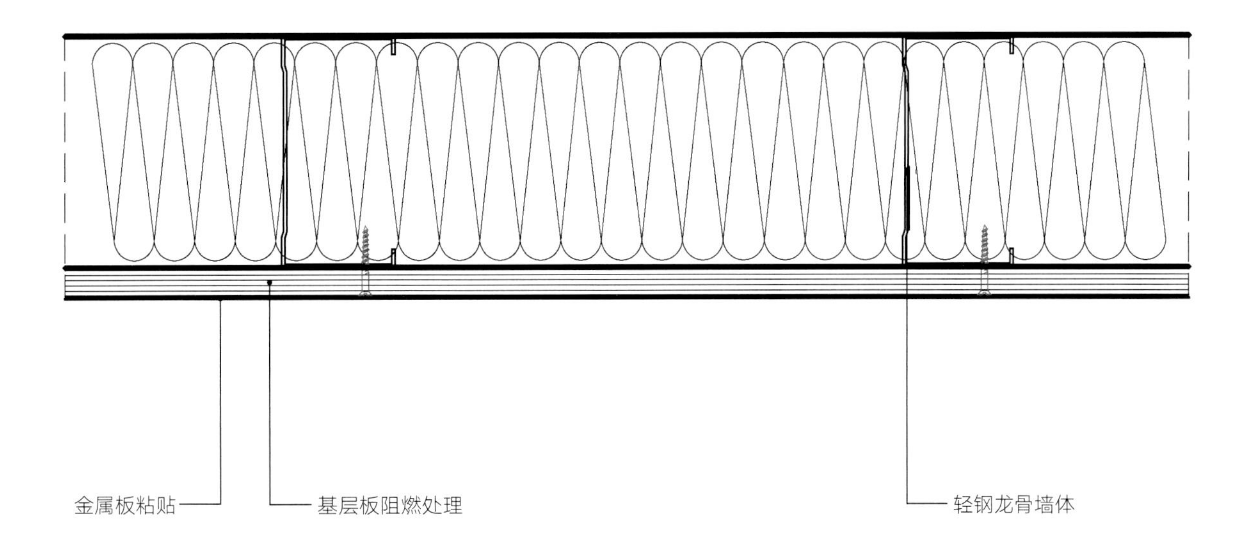

▲ 标准节点参考图

扫码查看视频，教你如何使用标准图集，解决节点问题，完成案例节点的绘制。

扫码之前，请先根据书中提供的卡片兑换《dop 工艺节点提升计划》第一季电子版观看权限。

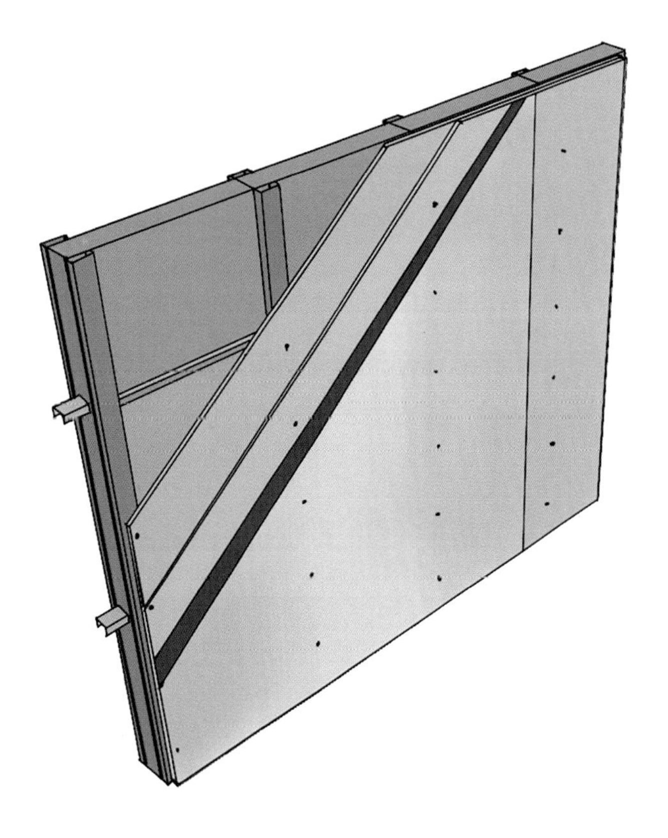

▲ 标准节点参考图（三维示意）

公布答案：

正确的“楼梯栏板节点图”如下图所示，你画对了吗？
如果没画对，别灰心，建议多临摹几遍正确的图纸，让自己彻底掌握主流的楼梯栏板节点图画法。

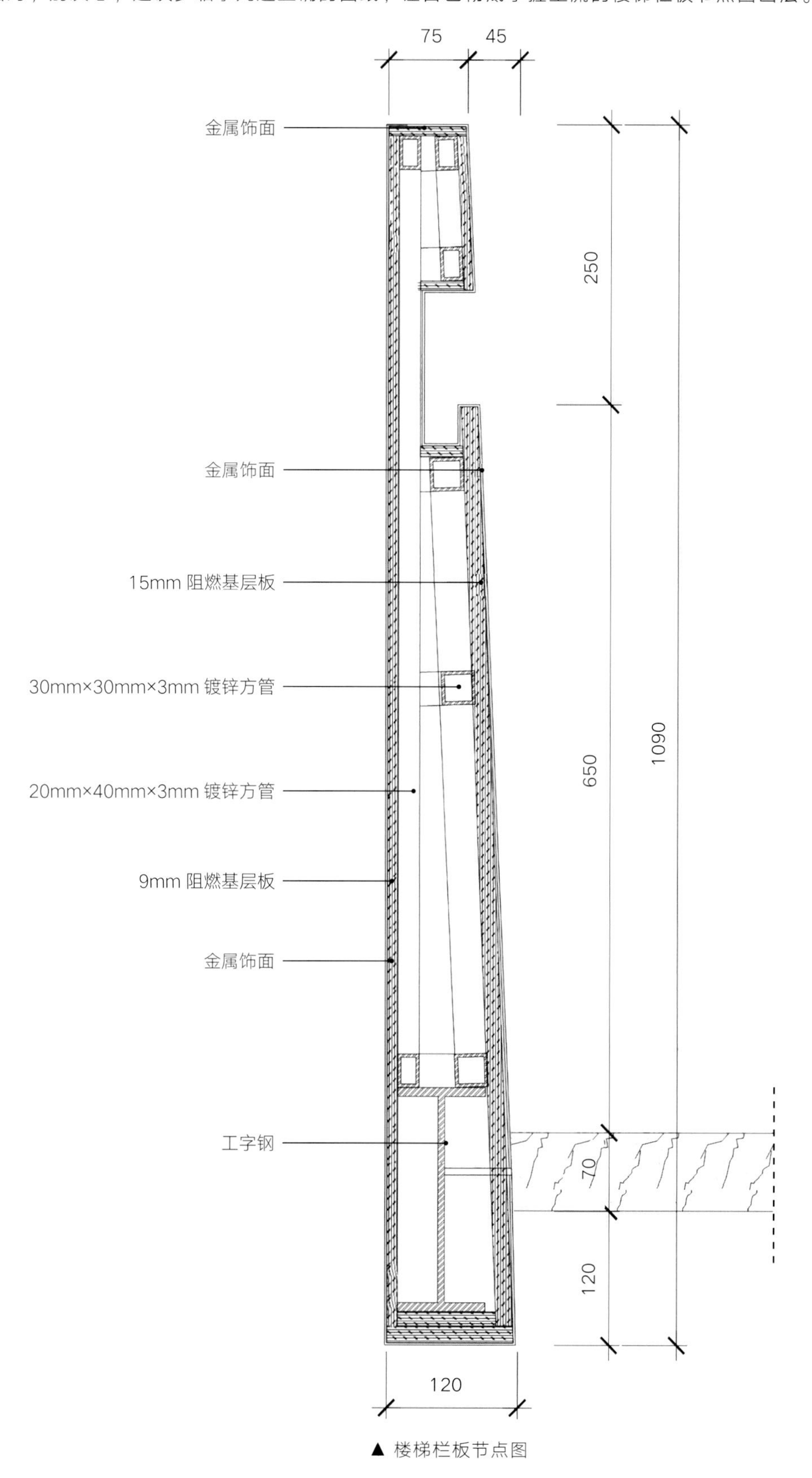

▲ 楼梯栏板节点图

请跟着正确的节点图画细节。

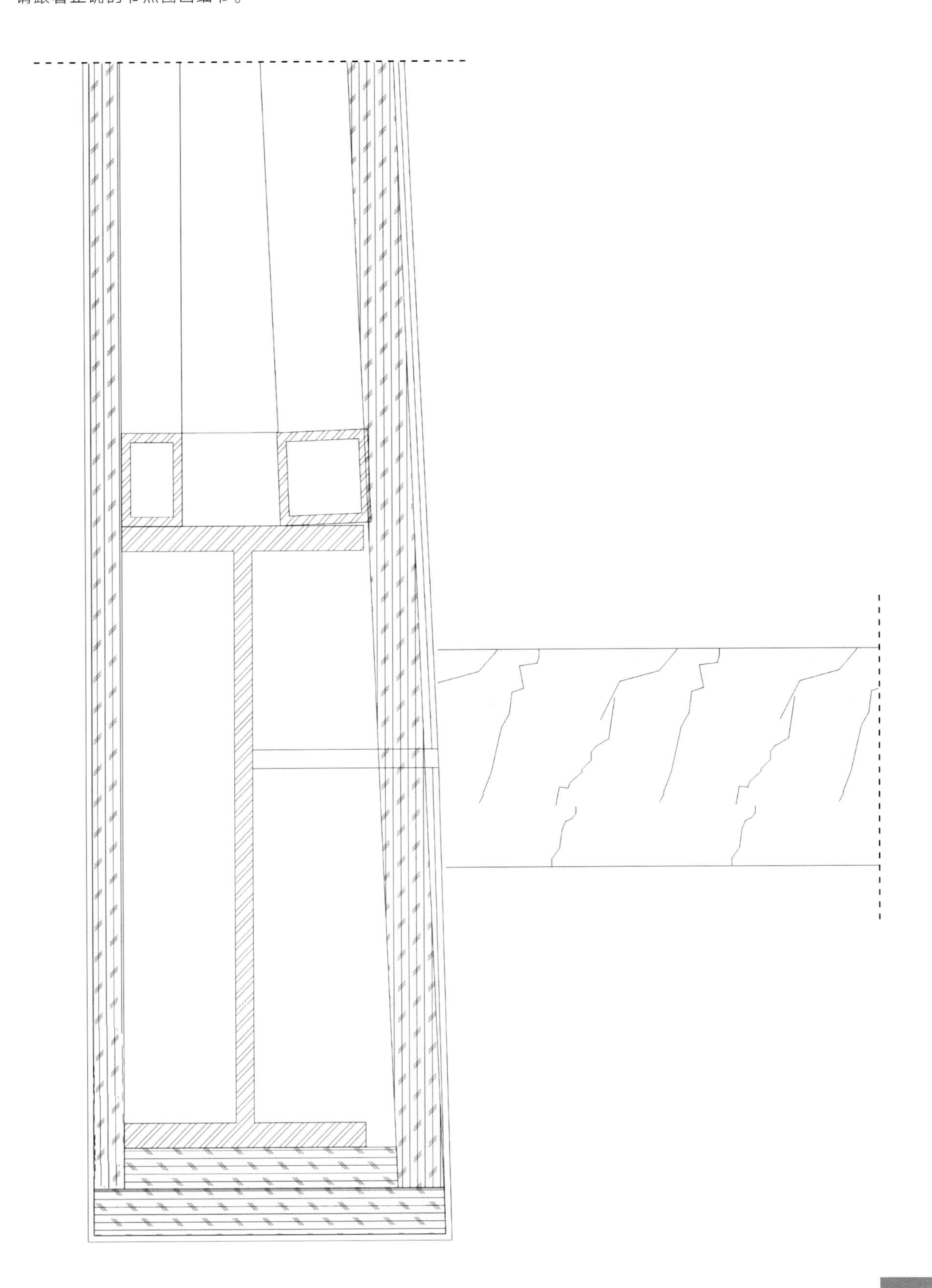

▲ 楼梯栏板节点图重点部位二次抄绘

PROJECT 05

案例五

斜屋面曲面天花节点图

看图中标号，尝试回答下列问题，并画出图上红色剖切处造型的节点图纸。

① 吊顶的曲面造型应该采用什么方式实现？

② 曲面的喷淋头、风口以及检修口应该怎样处理？

根据图片中的问答标号，查看正确答案。

1 吊顶的曲面造型应该采用什么方式实现？

这种单一曲面的吊顶至少有三种实现方式：

●若曲面的顶面积较大，且预算相对较高，可以采用 GRG 的形式实现。当然，这种做法适合大型空间。

●若是近似于该接待门厅的斜屋面吊顶，则建议使用另外两种做法：一是直接通过传统的木挂板连接次龙骨完成曲面，这种做法适合大多数标准的室内空间；二是当这个空间对曲面屋顶要求较高时，则可以定制 38mm 卡式龙骨进行弯曲，作为骨架部分，进而实现这个曲面造型。

2 曲面的喷淋头、风口以及检修口应该怎样处理？

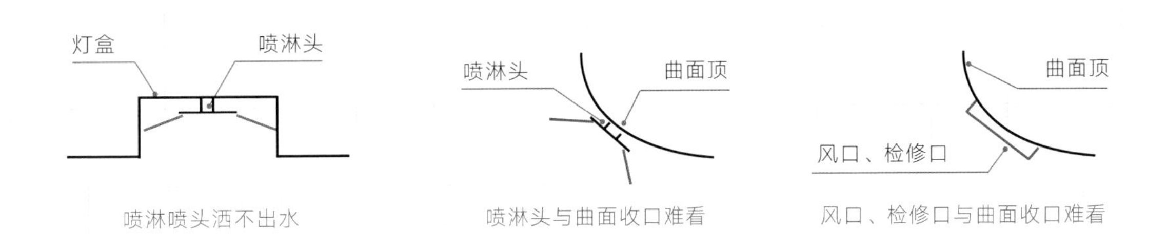

喷淋喷头洒不出水　　喷淋头与曲面收口难看　　风口、检修口与曲面收口难看

1. 首先明确一点，即喷淋的喷头不能设置在固定轨道射灯的灯槽内，除非喷头平于吊顶，否则喷淋的水喷射不出来。

2. 若该空间必须设置喷淋设备，且必须设置在斜屋顶上，没有办法避免时，也就是说，会在曲面的斜屋面上显示出来，而且因为是斜屋面，喷头的管道不能被完全覆盖，所以会影响美观。

3. 若在曲面吊顶上设置装饰风口，也是一个道理，除非是定制风口，否则是很难做到严丝合缝，所以，应当尽量避免在斜屋面上设置风口。

4. 在曲面上设置检修口也是同样的道理，尽可能避免检修口设置在曲面上的情况发生，检修口尽量预留在平面区域。

请根据“完成面信息图”给出的相关完成面信息，结合“标准节点参考图”，尝试自己动手画出案例五剖切处的“斜屋面曲面天花节点图”。

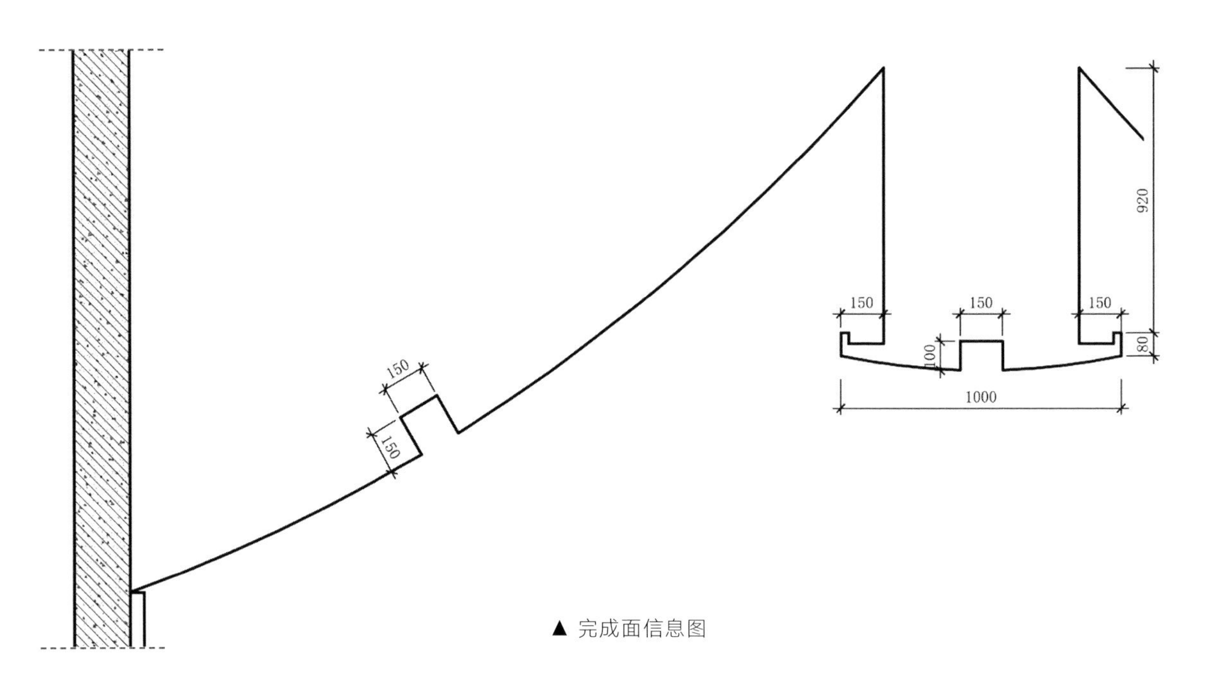

▲ 完成面信息图

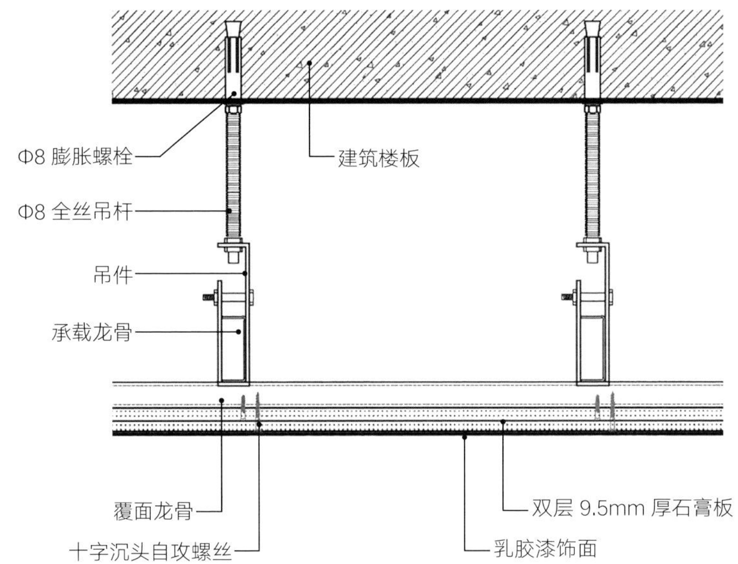

▲ 标准节点参考图

扫码查看视频，教你如何使用标准图集，解决节点问题，完成案例节点的绘制。

扫码之前，请先根据书中提供的卡片兑换《dop 工艺节点提升计划》第一季电子版观看权限。

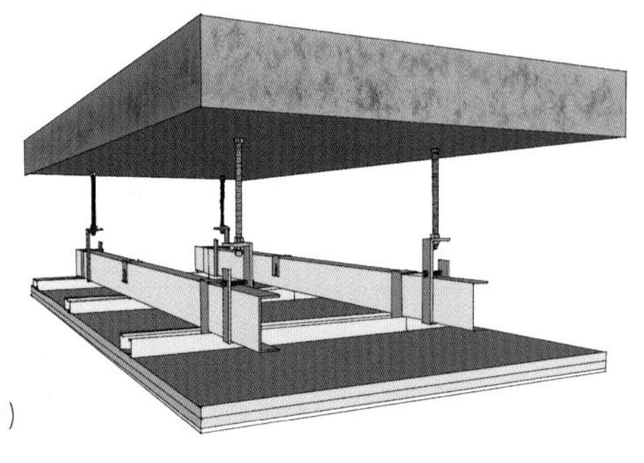

▲ 标准节点参考图（三维示意）

公布答案：

正确的“斜屋面曲面天花节点图”如下图所示，你画对了吗？
如果没画对，别灰心，建议多临摹几遍正确的图纸，让自己彻底掌握主流的斜屋面曲面天花节点图画法。

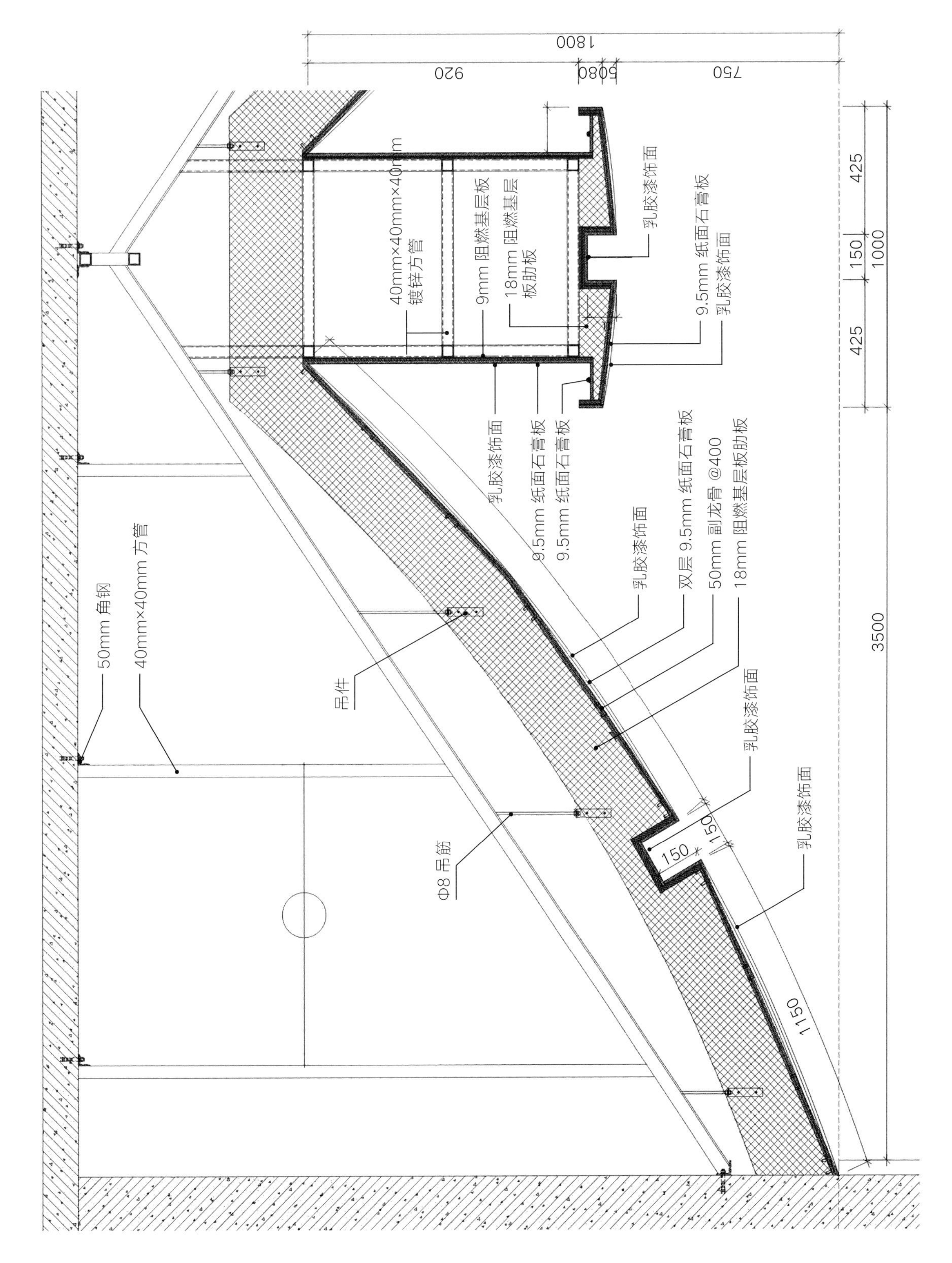

▲ 斜屋面曲面天花节点图

请跟着正确的节点图画细节。

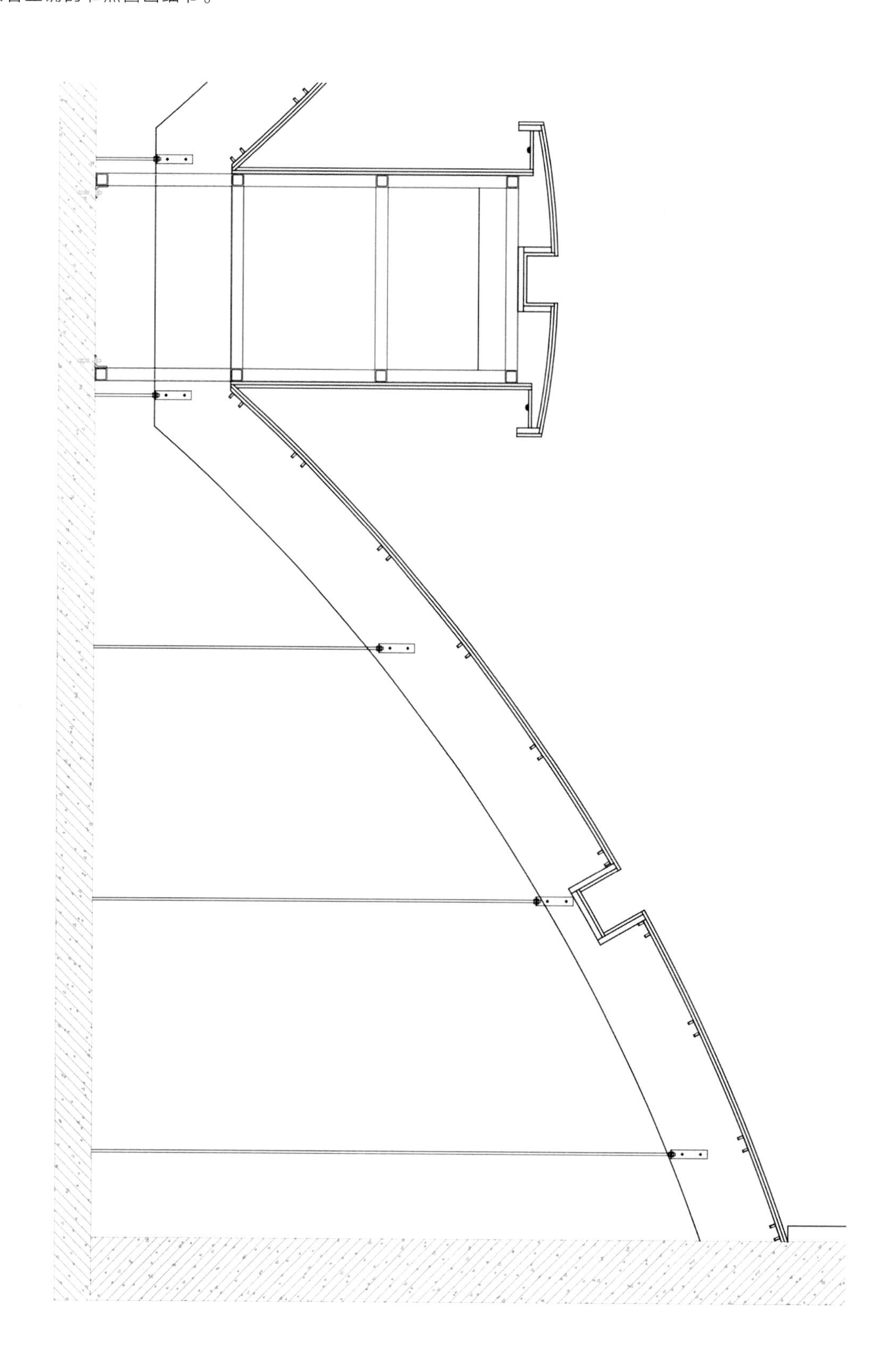

▲ 斜屋面曲面天花节点图重点部位二次抄绘

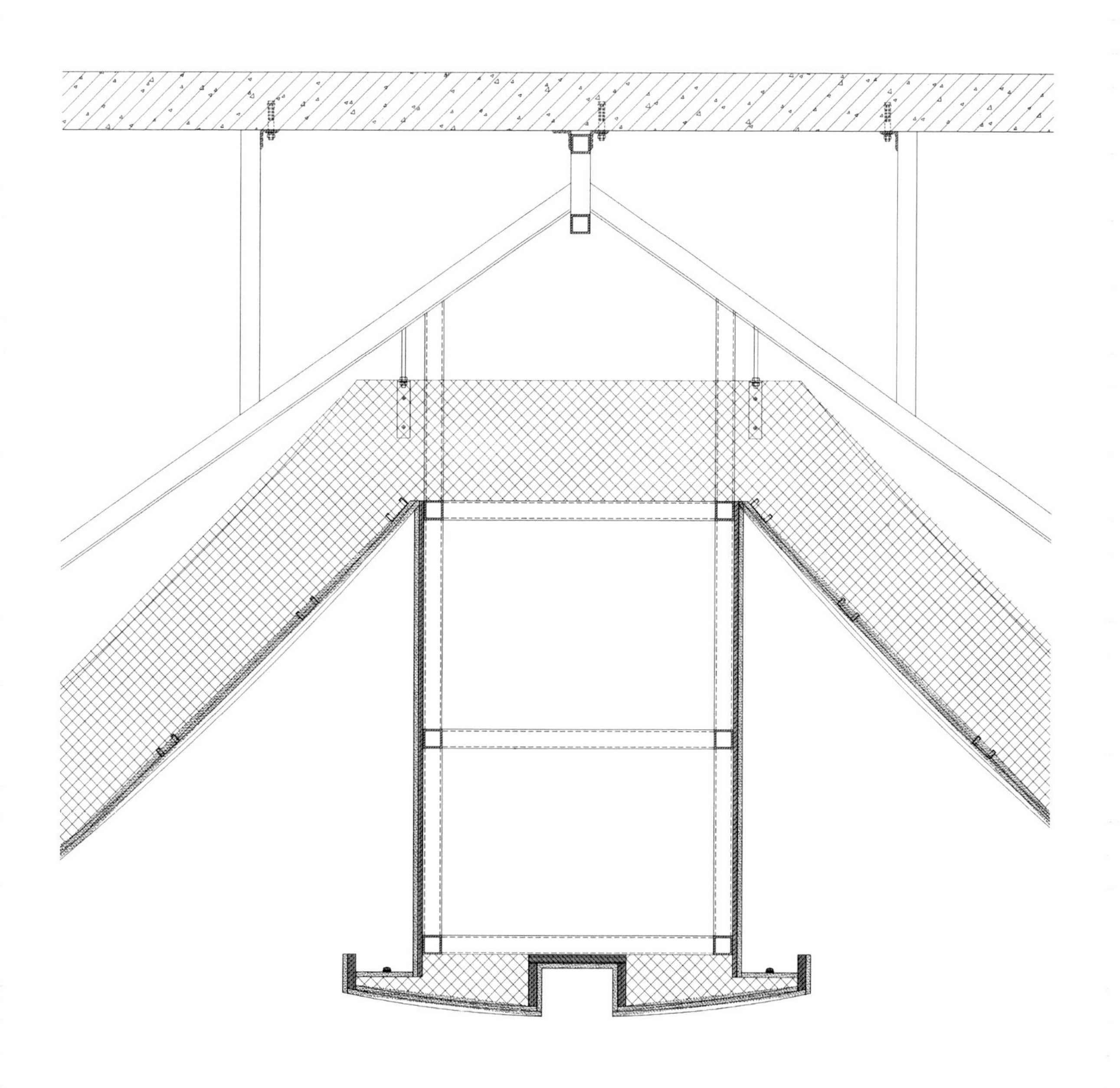

▲ 斜屋面曲面天花节点图重点部位二次抄绘

PROJECT 06

案例六

中式意境空间背景墙节点图

看图中标号，尝试回答下列问题，并画出图上红色剖切处造型的节点图纸。

① 背景墙的山水效果是怎么做的？容易实现吗？

② 在设计室内地灯时应该注意什么？

③ 黑色线条是怎么做的？

根据图片中的问答标号，查看正确答案。

1 背景墙的山水效果是怎么做的？容易实现吗？

在整个空间中，山水背景墙是一个视觉焦点以及空间的亮点，从设计的角度来看，效果非常好，从工艺和落地的角度来看，也简单易行。

整个山水背景墙的材料只有普通的石膏板和乳胶漆，再配合一处光源的设计，便达到了最终的效果。

2 在设计室内地灯时应该注意什么？

设计地灯（如洗墙灯）时，除了需要注意预留电源点位及接线盒外，在深化设计时还需要了解地灯埋入地面的深度。要根据地灯的选型规格反推地面完成面的尺寸，而不是按照标准的 5cm 地面完成面的厚度做。

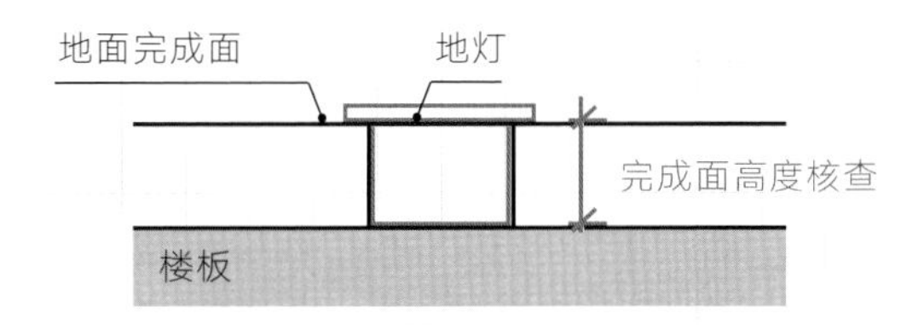

3 黑色线条是怎么做的？

这种黑色的线条在东方风格的设计中尤为常见，典型的做法有两种：一是通过石膏板留出凹槽，然后涂刷乳胶漆饰面；二是在石膏板上留出凹槽后，通过黑色不锈钢进行饰面。

这种线条在设计时，最该关注其规格尺寸与周边环境的关系，在通常情况下，这种线条的规格以 5mm × 5mm、10mm × 10mm 居多。

请根据“完成面信息图”给出的相关完成面信息，结合“标准节点参考图”，尝试自己动手画出案例六剖切处的“中式意境空间背景墙节点图”。

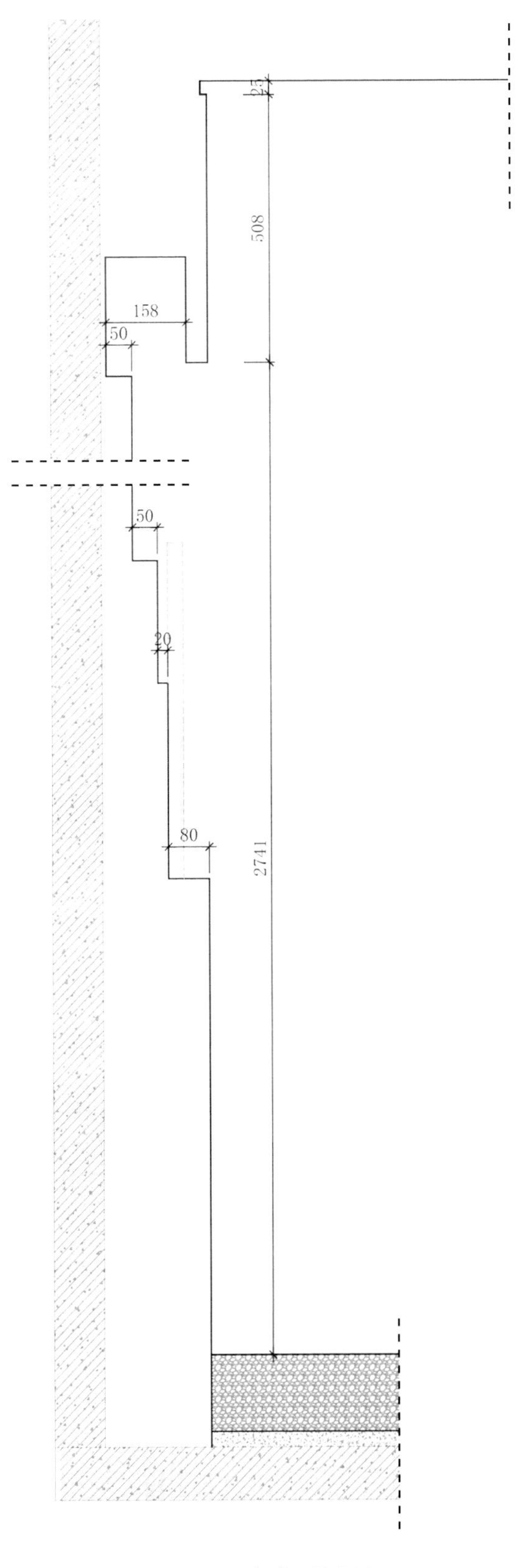

▲ 完成面信息图

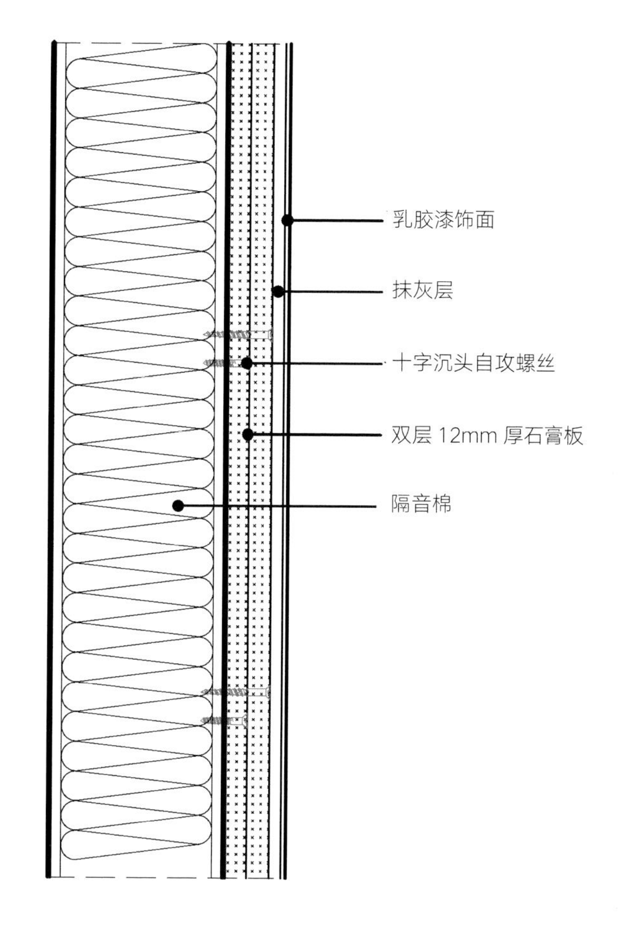

▲ 标准节点参考图

扫码查看视频，教你如何使用标准图集，解决节点问题，完成案例节点的绘制。

扫码之前，请先根据书中提供的卡片兑换《dop 工艺节点提升计划》第一季电子版观看权限。

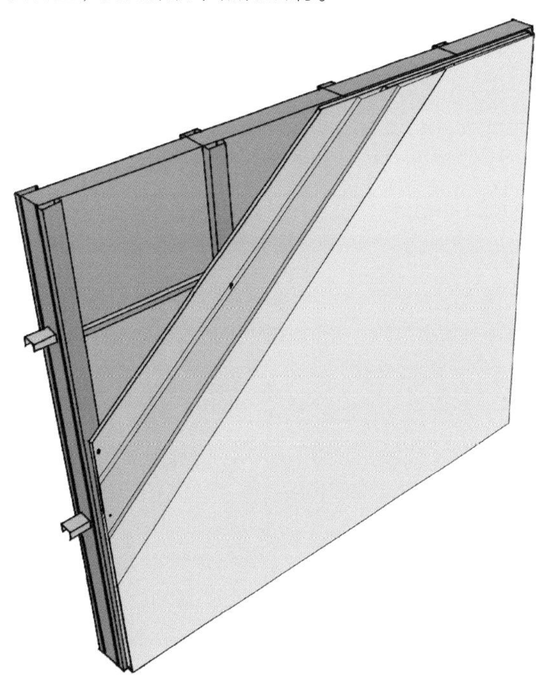

▲ 标准节点参考图（三维示意）

公布答案：

正确的“中式意境空间背景墙节点图”如右图所示，你画对了吗？

如果没画对，别灰心，建议多临摹几遍正确的图纸，让自己彻底掌握主流的中式意境空间背景墙节点图画法。

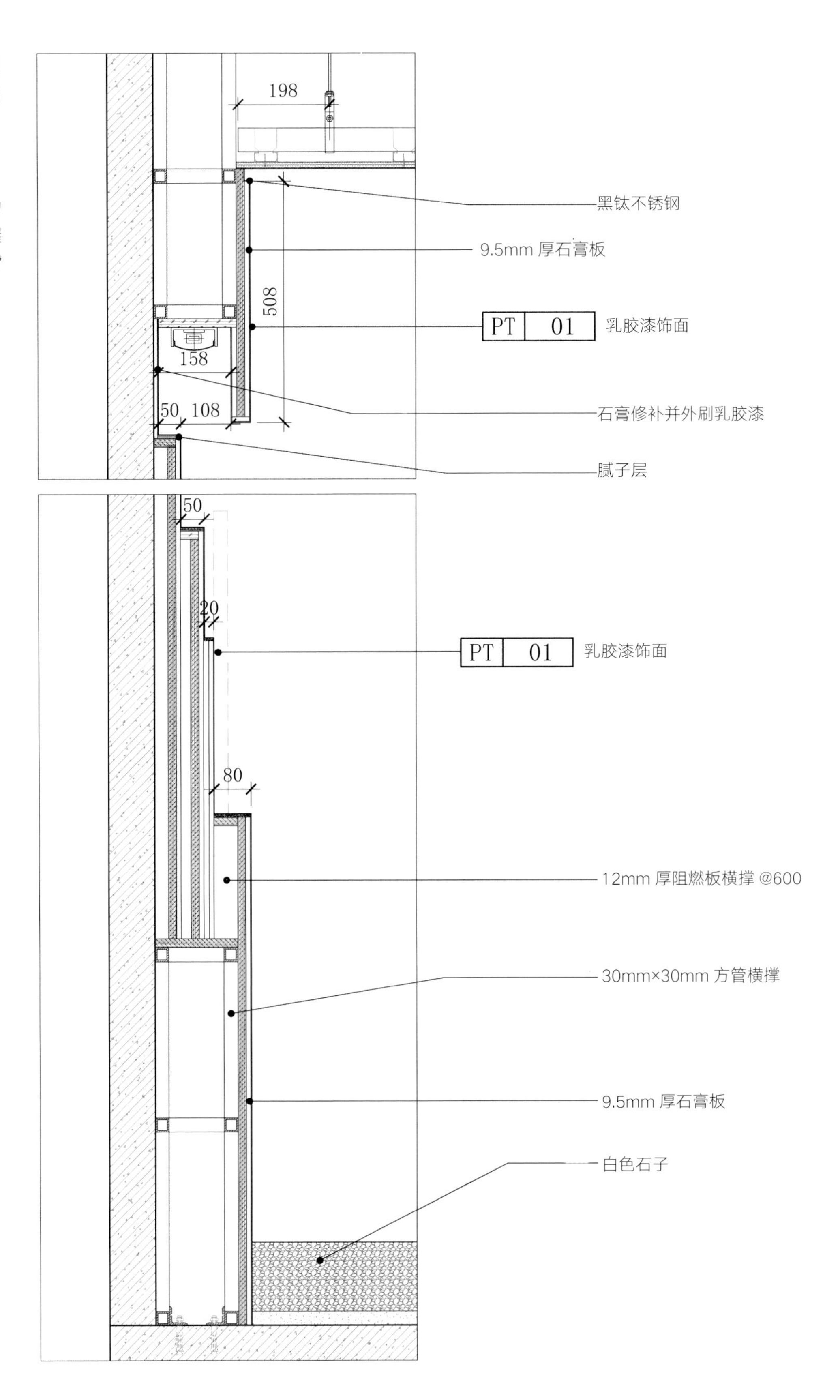

中式意境空间背景墙节点图▲

请跟着正确的节点图画细节。

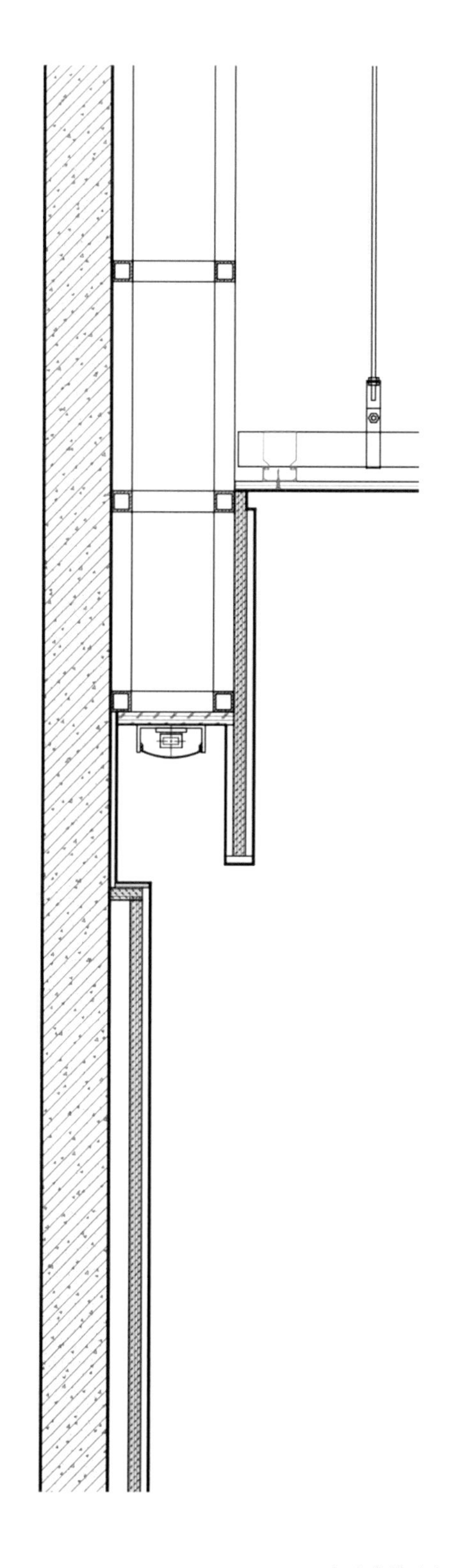

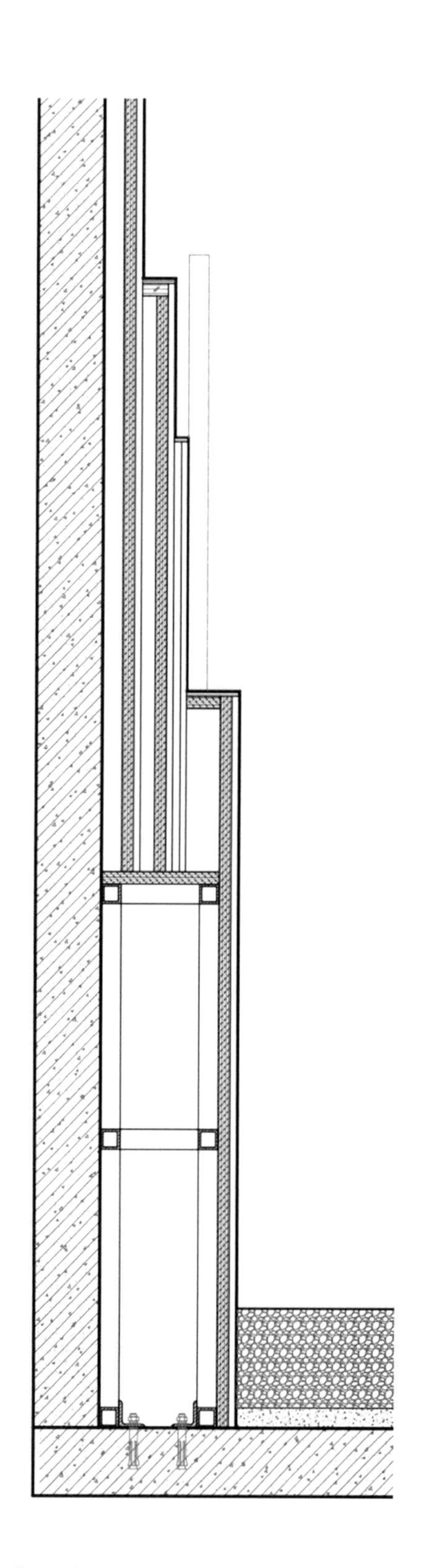

▲ 中式意境空间背景墙节点图重点部位二次抄绘

PROJECT 07

案例七

固定座位与幕墙收口节点图

看图中标号，尝试回答下列问题，并画出图上红色剖切处造型的节点图纸。

① 图中的坐垫是怎么做的？有哪些需要注意的细节？

② 坐垫与幕墙收口时，应该注意什么？

③ 该空间的风口位置设置合理吗？

④ 做长臂壁灯的深化设计时，应该把控哪些要点？

根据图片中的问答标号，查看正确答案。

1 图中的坐垫是怎么做的？有哪些需要注意的细节？

从外观上我们可以判断出该坐垫采用的是黄色的绒布饰面。从施工工艺上来说，这种坐垫一般都是在厂家定制的成品坐垫，设计师在现场进行材料下单，厂家根据加工图加工好之后，直接运往现场安装。从人体工程学的角度考虑，常规的坐垫距离地面高度为 430mm ~ 460mm，而从图中坐垫的样式可以判断出，该坐垫是靠内部填充海绵来撑起饰面绒布的。因此，为了保证人坐下时的舒适性，设计师在选择坐垫材料时，应考虑使用高密度的海绵以及加高坐垫的高度，避免坐下时把坐垫压得太低。

2 坐垫与幕墙收口时，应该注意什么？

从这种坐垫的设置形式来看，在该处设置坐垫除了满足功能性需求以外，还有一个目的就是让装饰构造和玻璃幕墙有一个较好的收口关系。设计地面的构造与玻璃幕墙收口时应该注意以下几点：

- 注意混凝土楼板与幕墙的位置及距离关系，确保室内构造的收口位于玻璃幕墙的横框上。
- 考虑垂直卷帘下落后，是否会存在漏光的问题，是否需要在坐垫后方设置凹槽解决这个问题。
- 坐垫的骨架与幕墙连接时，必须采用软连接。

3 该空间的风口位置设置合理吗？

在常规的装饰空间中，大多数情况下空调出风口都设置在靠室内一侧的吊顶中。因为温度过高或过低的情况都出现在建筑外墙一侧，如果把风口设置在靠外墙的一侧向里吹，会因为设备功率的因素，导致出风、送风距离不远，空调效果不好。另外，设置在里面也会大大节约空调管道的排布距离，降低成本。因此，该风口位置是合理的。该空间的吊顶做了一个跌级处理，从图片上来判断，风口与跌级吊顶的距离较近，这样的处理方式可能会造成空气回流，影响出风的效果，因此宜采用斜向下的固定百叶风口，以避免这种情况的发生。

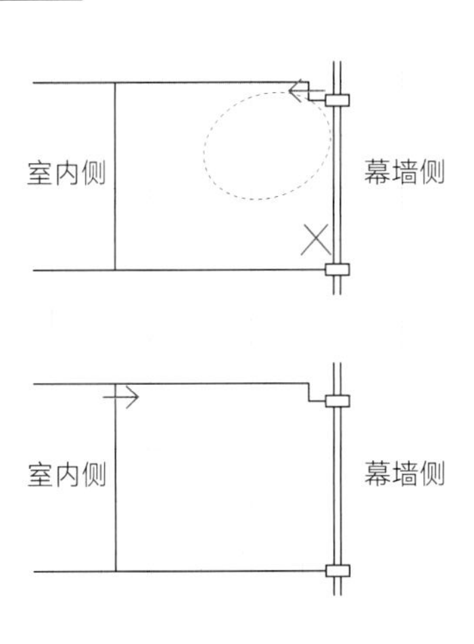

4 做长臂壁灯的深化设计时，应该把控哪些要点？

从技术方面来看，看到这种壁灯时，首先应该想到的是它的固定方式是什么样的。通常情况下，如果壁灯较轻，可以直接通过自攻螺钉或钢钉固定在墙面上；如果壁灯较重，则需要根据灯具的选型以及厂家的要求，预留相应的预埋件进行固定，以确保安全。从图片上看，这种壁灯是从坐垫后面的墙面伸出来为桌面照明的，这样设计可能会由于壁灯高度不够，或灯头的位置正好处于人的活动范围内，从而造成灯碰头的情况。所以，在使用此类壁灯时，应充分考虑其灯臂高度的设置以及调动范围最低点的路径设置。最后，设计该壁灯时还要综合考虑灯具控制面板点位的预留是否方便开启，开关位置设置是否合理等问题。

请根据“完成面信息图”给出的相关完成面信息，结合“标准节点参考图”，尝试自己动手画出案例七剖切处的“固定座位与幕墙收口节点图”。

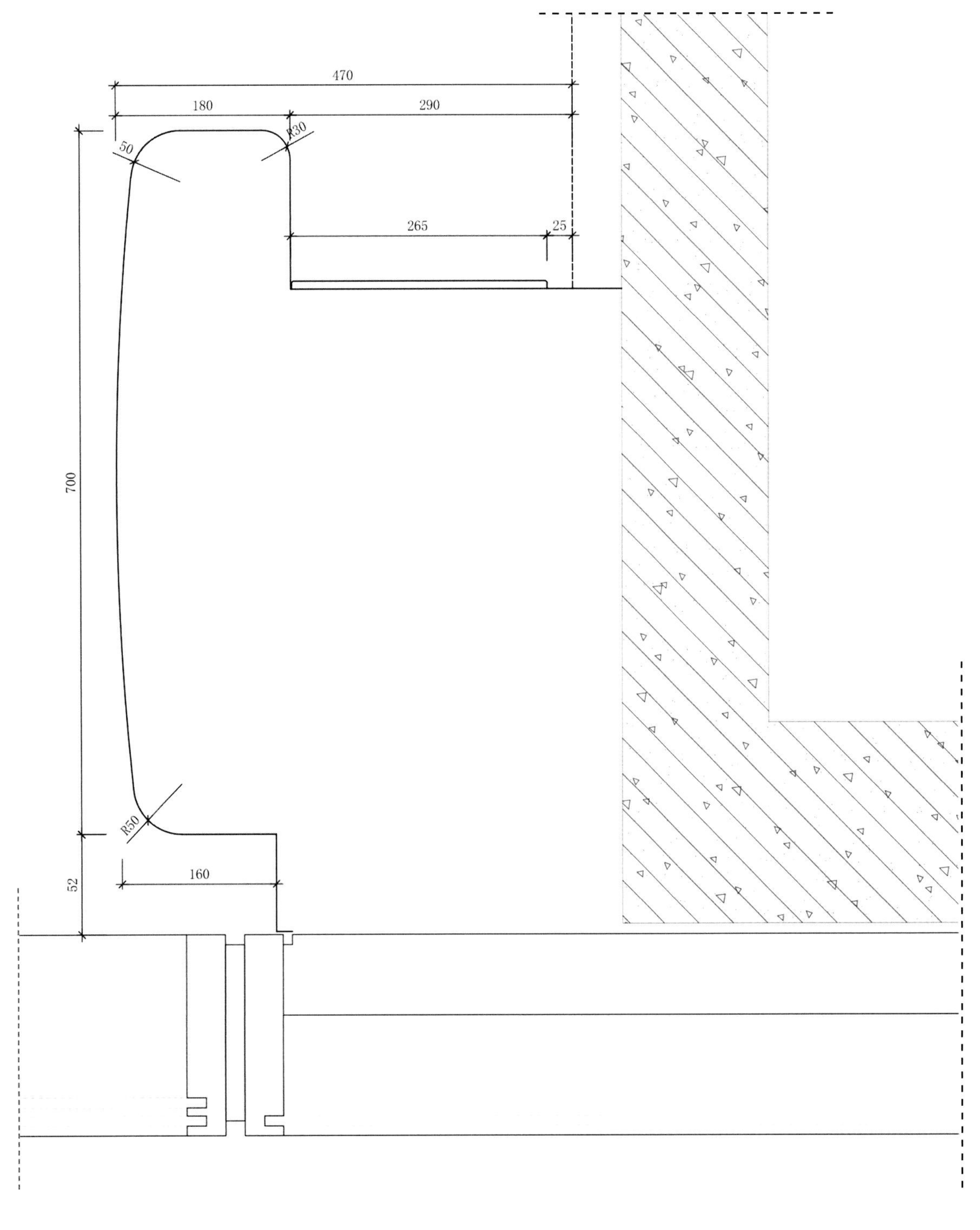

▲ 完成面信息图

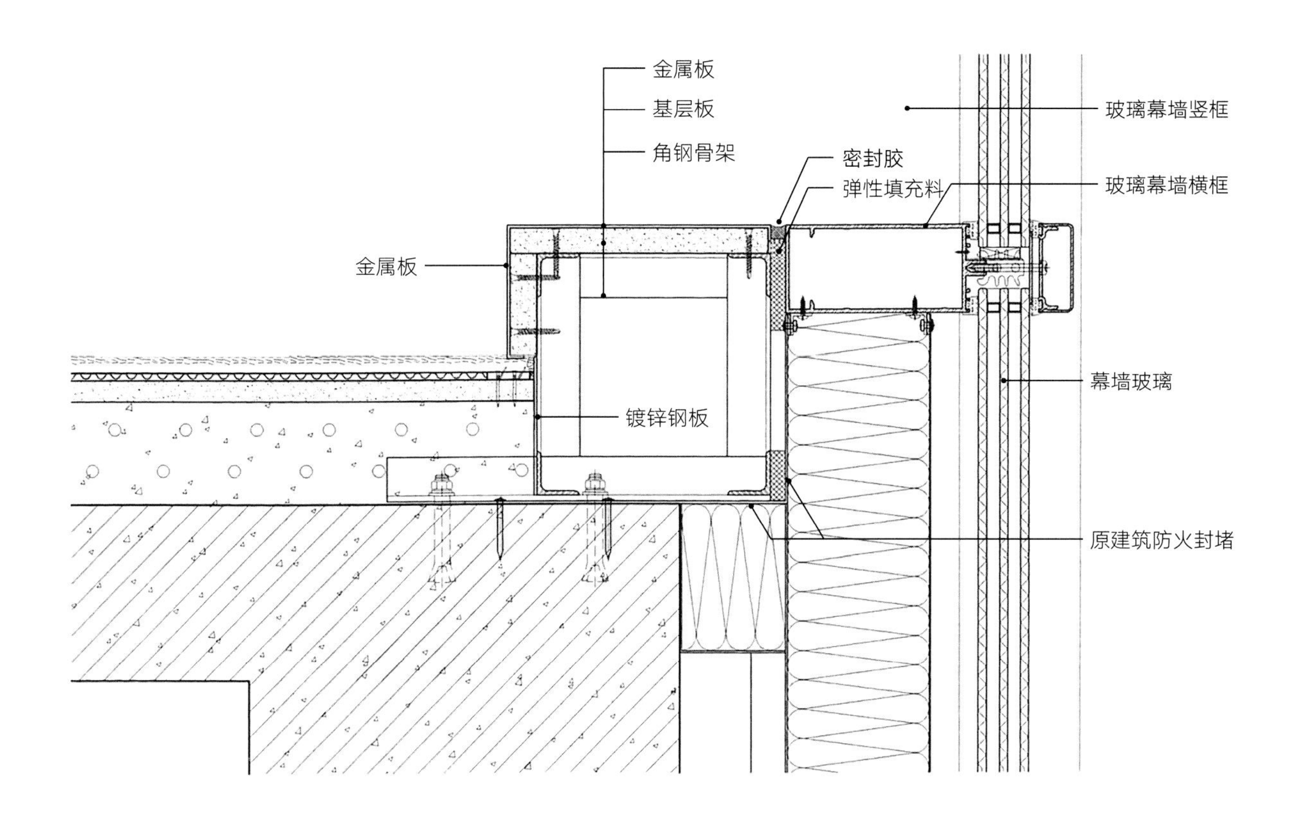

▲ 标准节点参考图

扫码查看视频，教你如何使用标准图集，解决节点问题，完成案例节点的绘制。

扫码之前，请先根据书中提供的卡片兑换《dop 工艺节点提升计划》第一季电子版观看权限。

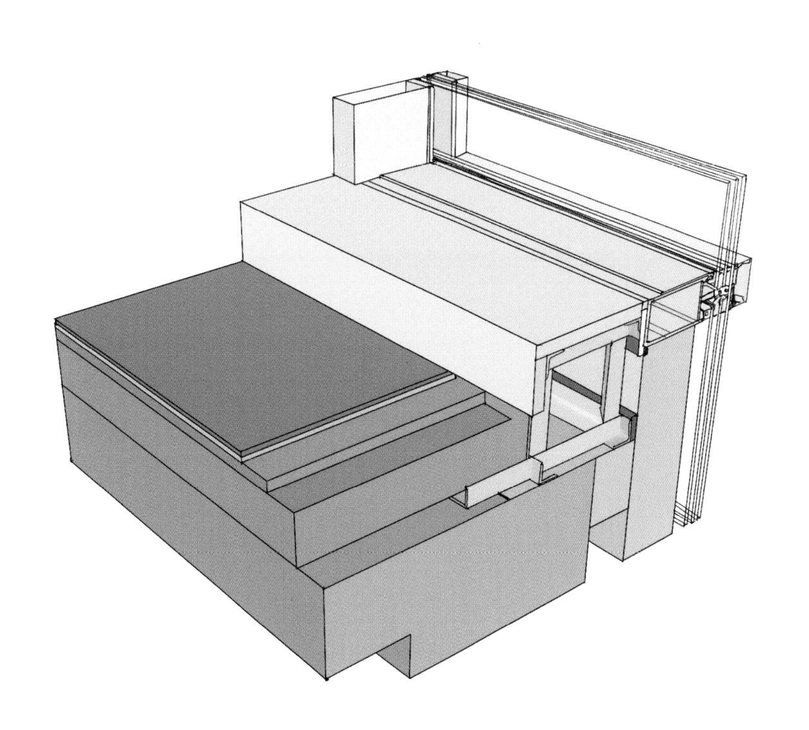

▲ 标准节点参考图（三维示意）

公布答案：

正确的“固定座位与幕墙收口节点图”如下图所示，你画对了吗？
如果没画对，别灰心，建议多临摹几遍正确的图纸，让自己彻底掌握主流的固定座位与幕墙收口节点图画法。

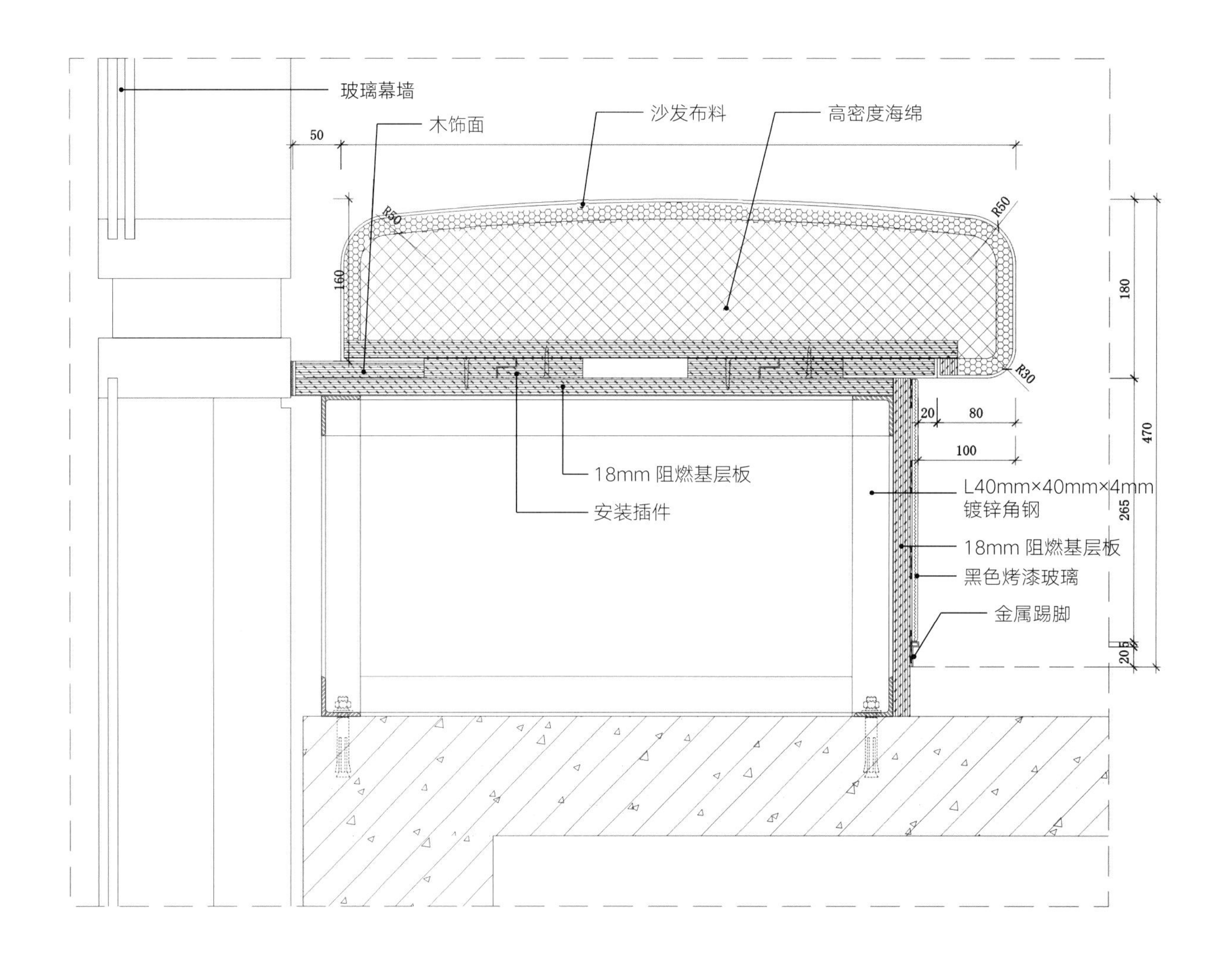

▲ 固定座位与幕墙收口节点图

请跟着正确的节点图画细节。

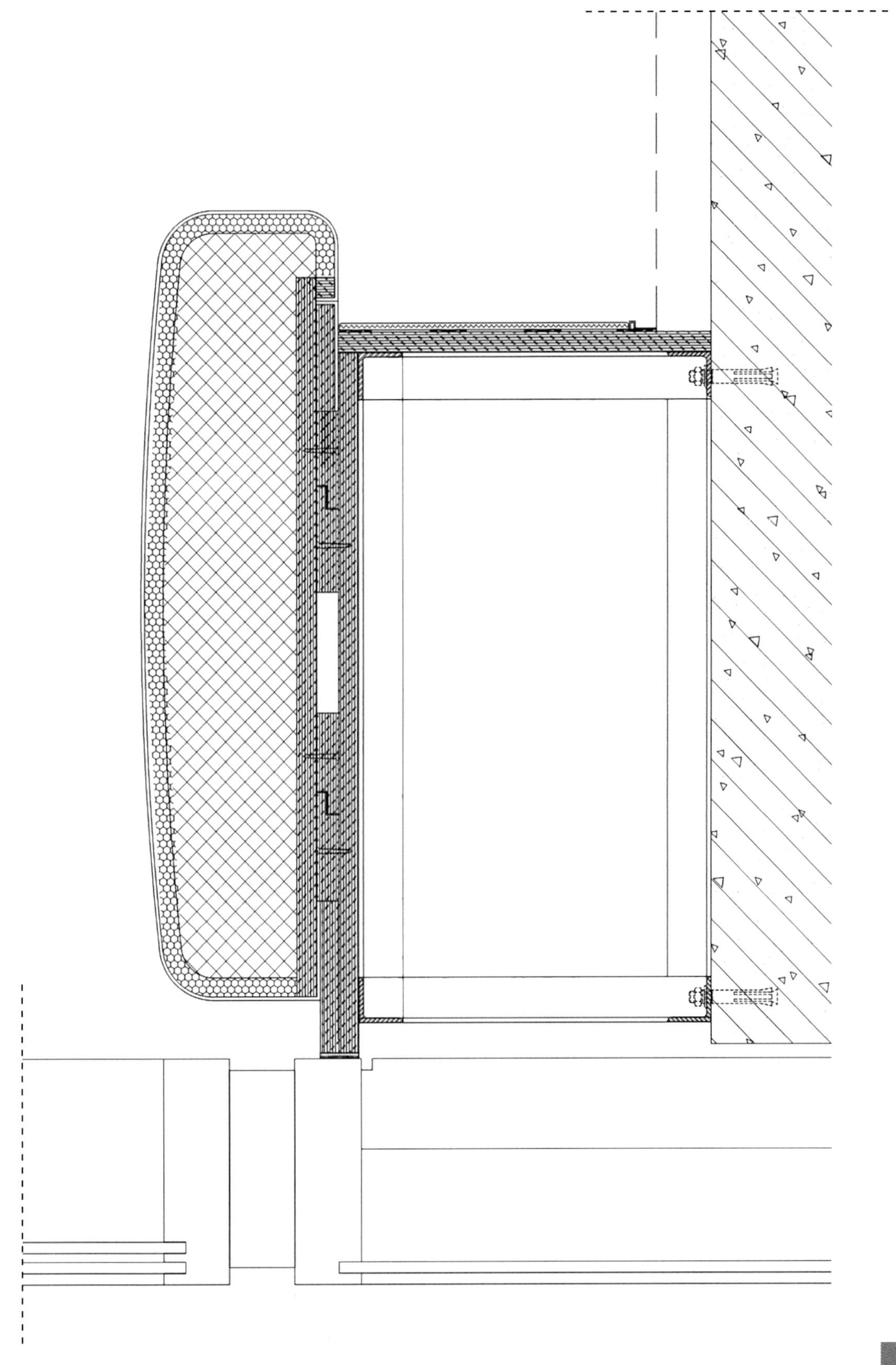

▲ 固定座位与幕墙收口节点图重点部位二次抄绘

PROJECT 08

案例八

软膜天花节点图

看图中标号，尝试回答下列问题，并画出图上红色剖切处造型的节点图纸。

① 软膜天花吊顶能达到消防要求吗？

② 软膜天花吊顶在设计时应该注意哪些要点？

③ 软膜的灯盒需要预留多大距离？

④ 软膜天花与喷淋点位冲突时怎么办？

⑤ 亚克力也能做出这种效果，为什么要用软膜？

根据图片中的问答标号，查看正确答案。

1 软膜天花吊顶能达到消防要求吗？

目前市面上绝大多数软膜天花的防火等级都能达到 B1 级，当然，也有些厂家能做出防火等级为 A 级的软膜天花，不过价格会高很多。

软膜能否用在吊顶上主要看消防规范上对建筑空间的要求。需要注意的是，A 类建筑天花材料的防火等级必须是 A 级，地下室天花材料的防火等级也必须是 A 级。

2 软膜天花吊顶在设计时应该注意哪些要点？

● 软膜的规格

软膜是按“卷”生产的，因此，软膜的宽幅决定了单张膜面的最大面积。大多数软膜厂家生产的软膜天花宽度为 3m ~ 5m，具体数值应以软膜厂商提供的数据为准。

软膜的宽幅决定了软膜最短边的长度，因此，在设计软膜天花时，应考虑最短边的长度是否满足软膜材料的规格。

● 软膜天花的检修问题

软膜天花使用久了后，不可避免地会造成密封处松动，内部会出现影响美观的污染现象，如积灰、落虫等。因此，应根据软膜使用的不同场所、面积大小、功能要求等因素考虑检修问题，或采用双层软膜来规避这种情况。

如果软膜的造型是方正、规整的，可以考虑使用厂家做好的成品软膜板，这样可以方便后期的检修。如果曲面造型占大部分，则只能使用传统的撬开软膜封边的方式来检修。

3 软膜的灯盒需要预留多大距离？

首先明确一点，软膜内部应该使用冷光源，因为软膜材料不耐热。

若光源采用 LED 灯，则灯具离软膜距离可以小于等于 200mm；而若采用日光灯管，则建议距离大于等于 200mm。

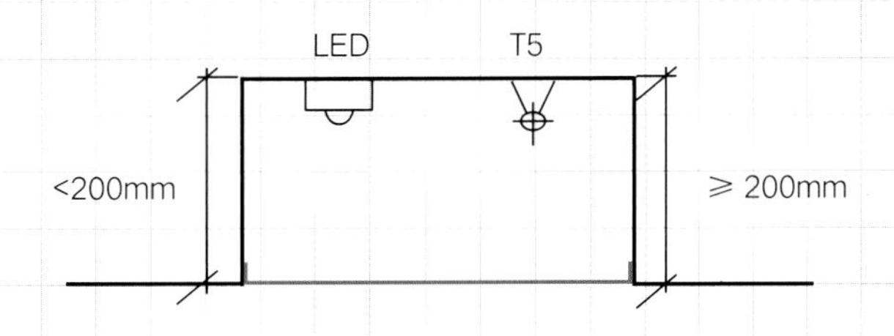

4 软膜天花与喷淋点位冲突时怎么办？

在排布综合天花图时，难免会遇到装饰吊顶和消防点位冲突的情况，遇到这种情况时，解决方式如下：

●把软膜理解成一张布，当软膜与喷淋管道碰撞时，可直接在软膜上开孔，然后让喷淋管道穿过软膜即可。但这种做法必须由专业厂家施工或者厂家指导施工才可行。

虽然软膜上可以开孔，但是不建议在同一张软膜上开两个孔，这样会影响软膜的稳定性。

●根据无影灯的原理，只要四面八方都有灯光照射，喷淋的管道就不会在软膜上形成投影，即形成了“无影”的效果。

5 亚克力也能做出这种效果，为什么要用软膜？

亚克力和软膜最大的区别就是可塑性。亚克力的适用范围更广，而软膜塑造特殊造型的能力更强。软膜的形态取决于固定它的龙骨的走向，而亚克力的形态需要根据特殊造型定制加工，所以，就可塑性以及成本而言，软膜要优于亚克力。因此，在有异形造型的情况下最好使用软膜，一是施工方便，二是可以降低成本。

请根据“完成面信息图”给出的相关完成面信息，结合“标准节点参考图”，尝试自己动手画出案例八剖切处的“软膜天花节点图”。

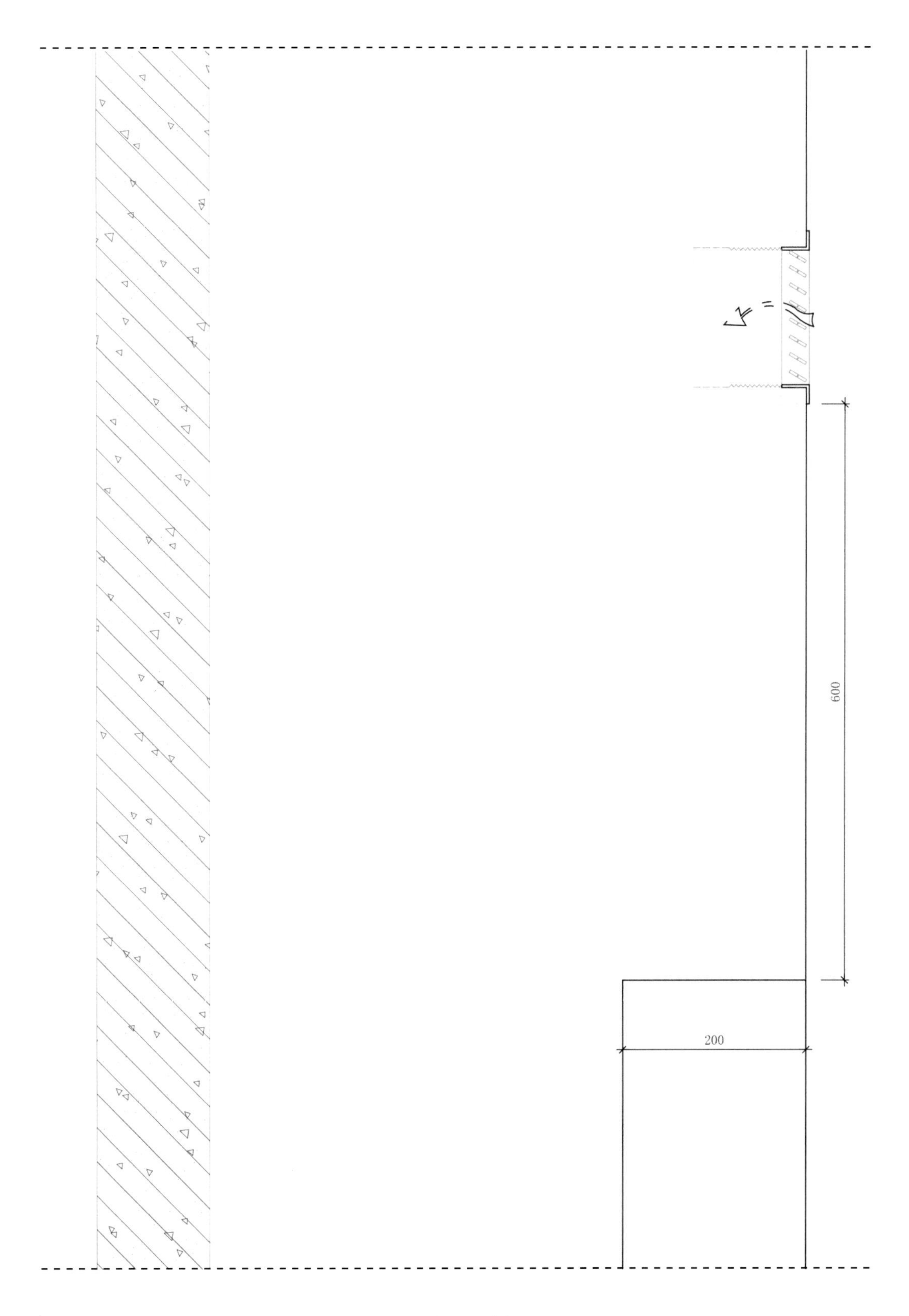

▲ 完成面信息图

扫码查看视频，教你如何使用标准图集，解决节点问题，完成案例节点的绘制。

扫码之前，请先根据书中提供的卡片兑换《dop 工艺节点提升计划》第一季电子版观看权限。

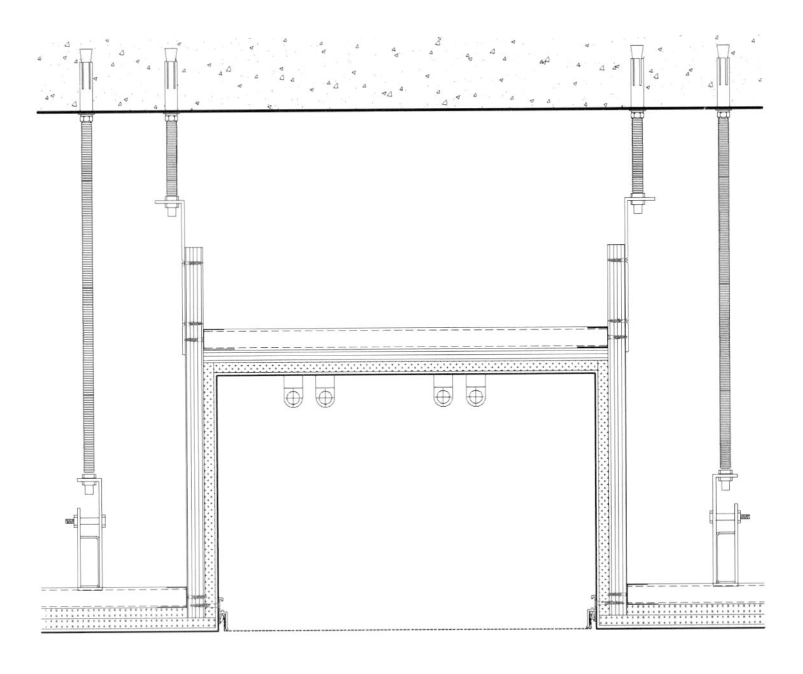

▲ 标准节点参考图

公布答案：

正确的“软膜天花节点图”如下图所示，你画对了吗？
如果没画对，别灰心，建议多临摹几遍正确的图纸，让自己彻底掌握主流的软膜天花节点图画法。

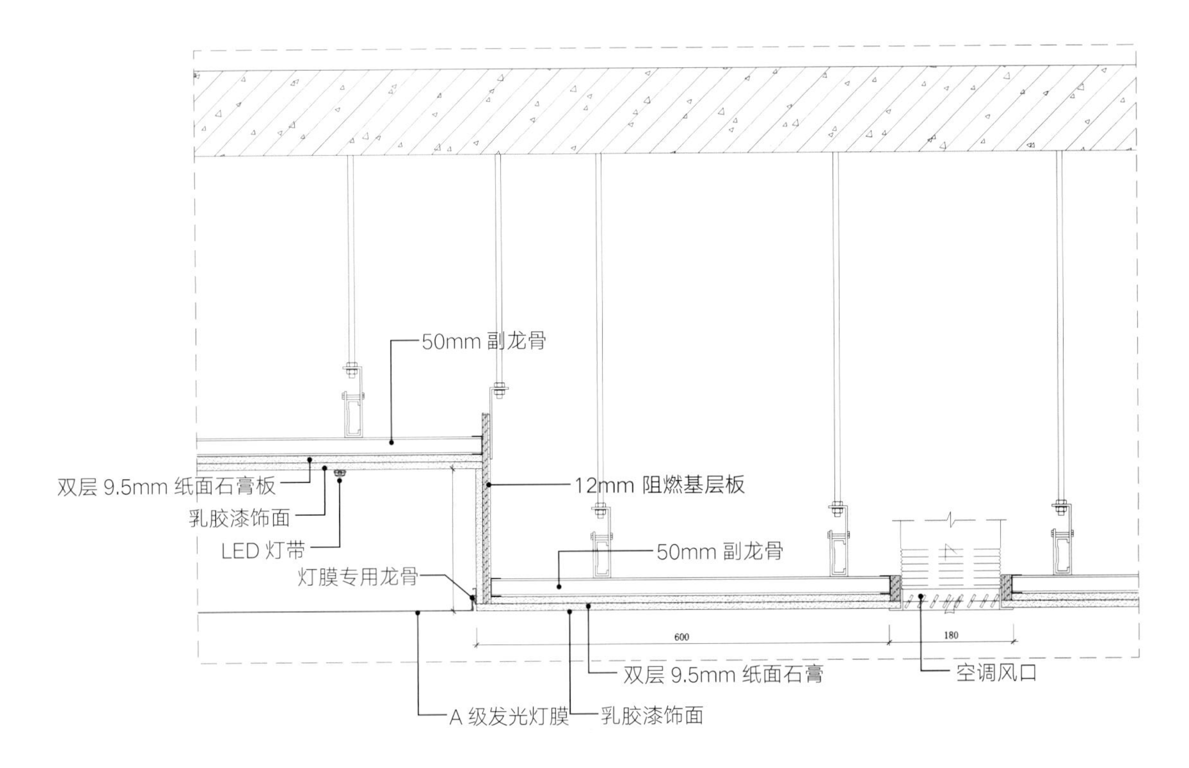

▲ 软膜天花节点图

请跟着正确的节点图画细节。

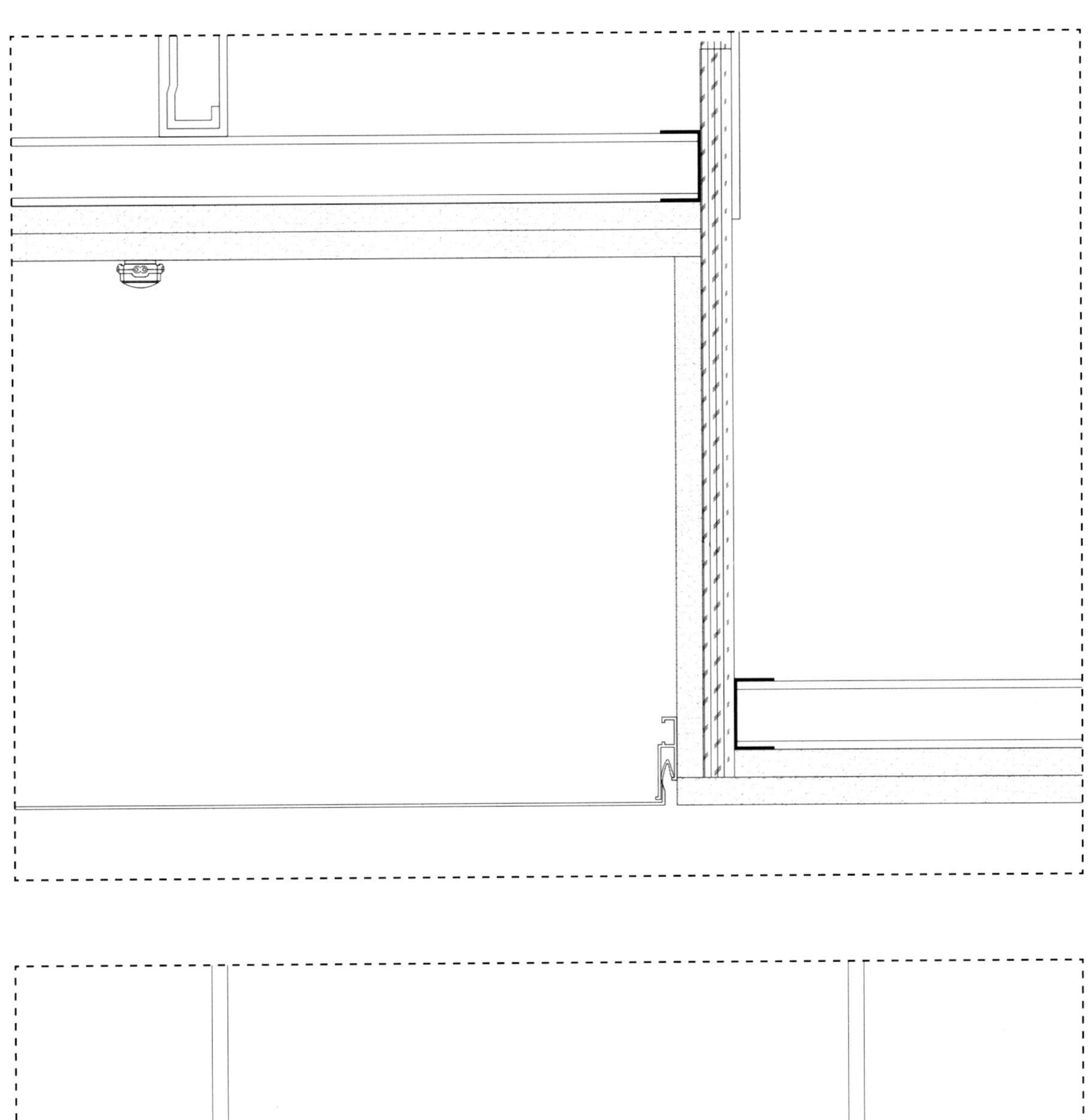

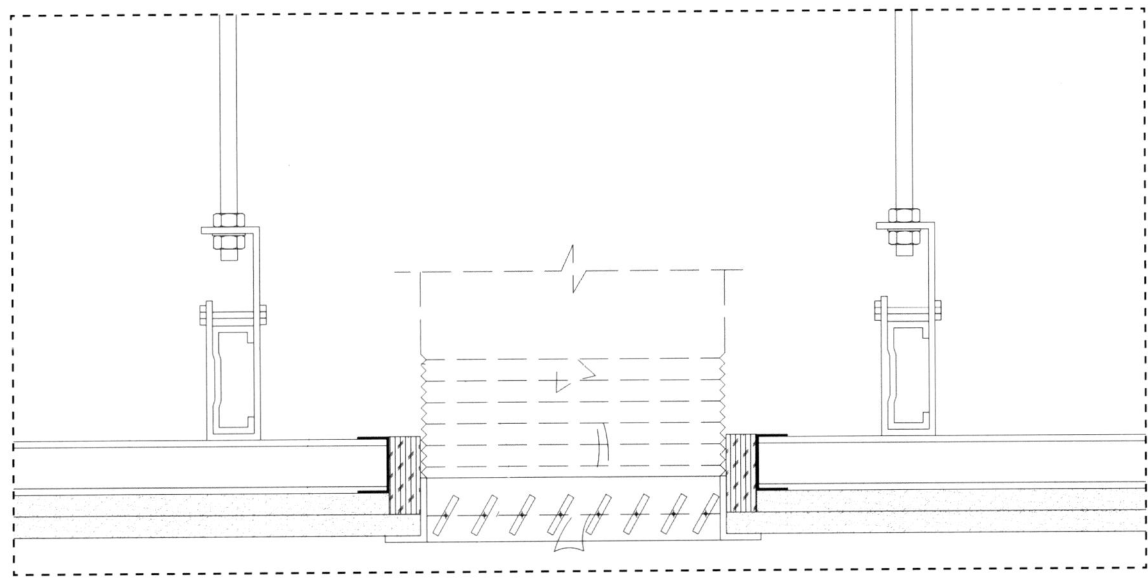

▲ 软膜天花节点图重点部位二次抄绘

PROJECT 09

案例九

玻璃推拉门节点图

看图中标号，尝试回答下列问题，并画出图上红色剖切处造型的节点图纸。

① 设计玻璃推拉门时应该注意什么？

② 图中的折叠背景墙应该怎么做？

③ 金属砖与吊顶交接处的胶水痕迹太明显，怎样解决？

④ 床头筒灯的设置合理吗？

根据图片中的问答标号，查看正确答案。

1 设计玻璃推拉门时应该注意什么？

在设计玻璃推拉门时应该考虑推拉门的检修问题。图中有两扇推拉门，靠近卧室的这扇门是固定不动的，靠近卫生间的门是可以滑动的，而且可以滑动的推拉门是埋入吊顶内的。因此，在设计时应考虑预留检修口，否则，如果后期使用时出现故障，只能进行破坏性检修。

2 图中的折叠背景墙应该怎么做？

大多数人看到这个背景墙可能会认为该背景墙是可以折叠和移动的，但是，从折叠墙面与金属砖墙的空隙处可以判断出，空隙处的距离不能容纳折叠墙的单扇宽度。同时，因为床头的开关和插座都在折叠饰面上，因此可以大致判断出该背景墙是不能移动的。

从技术角度来看，这种固定背景墙造型的制作方式应该是：首先根据现场实际情况向木饰面工厂下单，木饰面工厂加工后，配送至现场直接安装成品。这种做法是目前最主流的做法，对有一定规模的项目来说，这种做法最为经济适用。图中的造型背景墙板材也是采用这种做法落地制作的。

3 金属砖与吊顶交接处的胶水痕迹太明显，怎样解决？

从观感上来看，金属砖和吊顶交接处的胶水痕迹极其影响美观，想要规避这种情况，可以采用以下两种方式。

- 在技术交底时，设计师着重强调边角收口的工艺标准，要求施工方留意打胶的施工，并加强现场管控。当然，这是治标不治本的方式，因为这种收口方式过于依赖施工人员的个人水平，不可控性很大。
- 在吊顶与墙面收口的地方预留 5mm × 5mm 或 10mm × 10mm 的凹槽，既解决了收口处打胶的问题，又给空间增加了一些细节，一举两得，也从根本上解决了该问题。

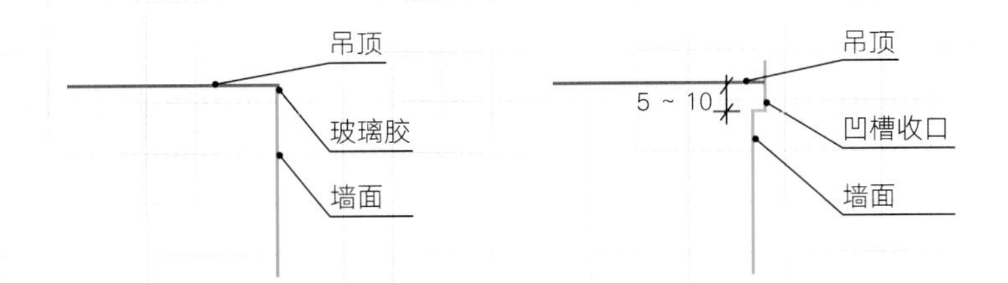

4 床头筒灯的设置合理吗？

从图中的筒灯照明效果来看，筒灯的光线被折叠墙面遮挡了一部分，而且筒灯的灯光和床的位置也没有对应关系，因此，该筒灯的设计可能没有达到方案设计时构想的效果。

造成这种情况的原因有很多，站在深化设计的角度来看，如果条件具备，设计师可以在前期排布综合天花图时，就考虑类似折叠造型墙这种没有到顶的固定家具与天花造型的关系，避免出现这种设计上的瑕疵。

请根据“完成面信息图”给出的相关完成面信息，结合“标准节点参考图”，尝试自己动手画出案例九剖切处的“玻璃推拉门节点图”。

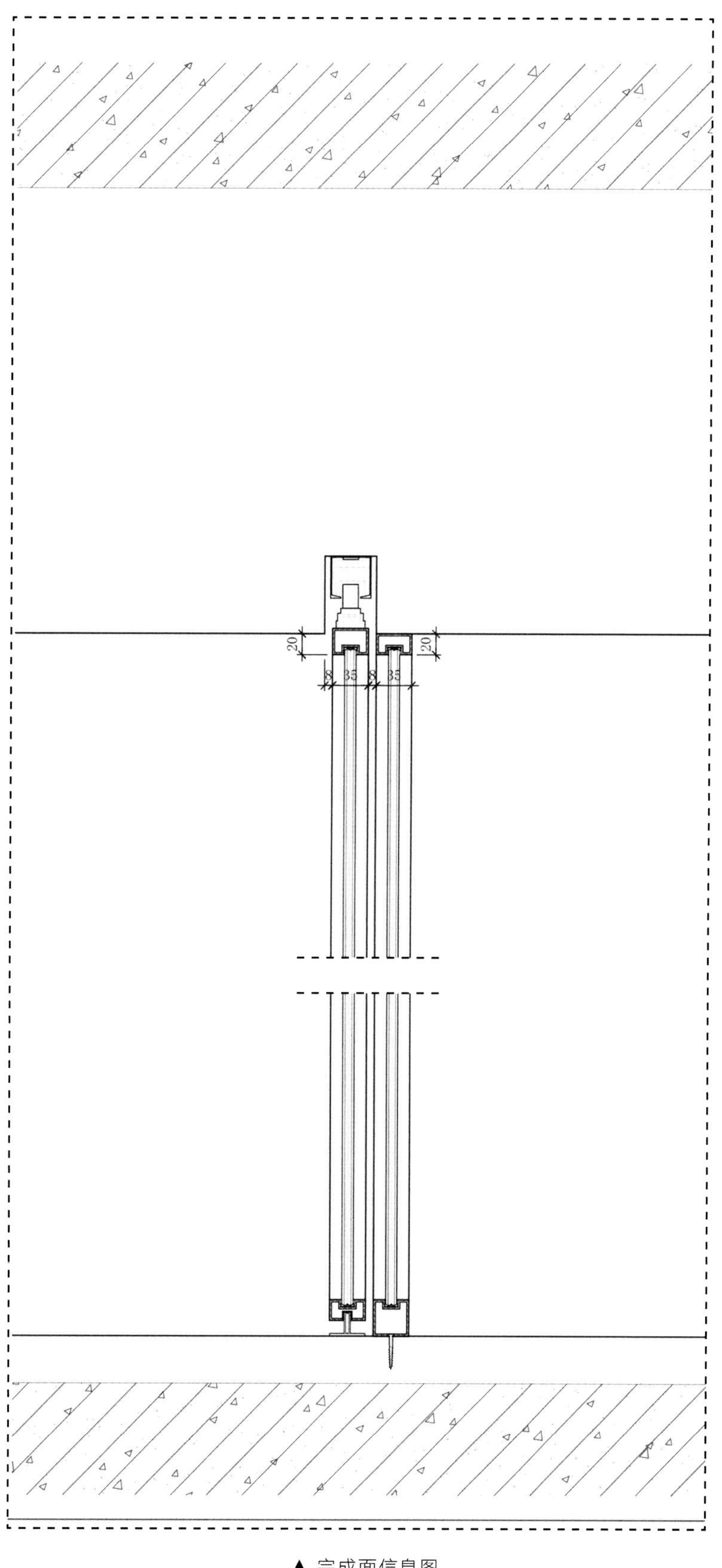

▲ 完成面信息图

扫码查看视频，教你如何使用标准图集，解决节点问题，完成案例节点的绘制。

扫码之前，请先根据书中提供的卡片兑换《dop 工艺节点提升计划》第一季电子版观看权限。

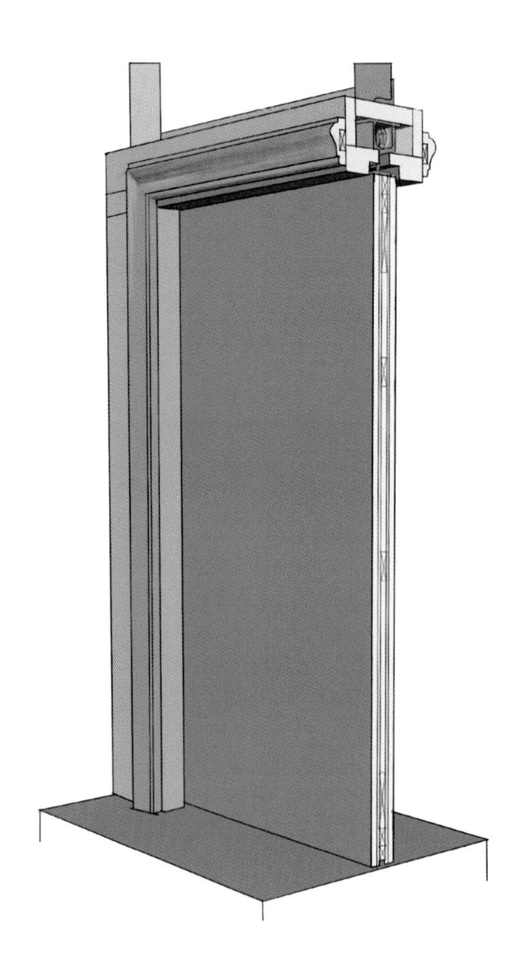

▲ 标准节点参考图（三维示意）

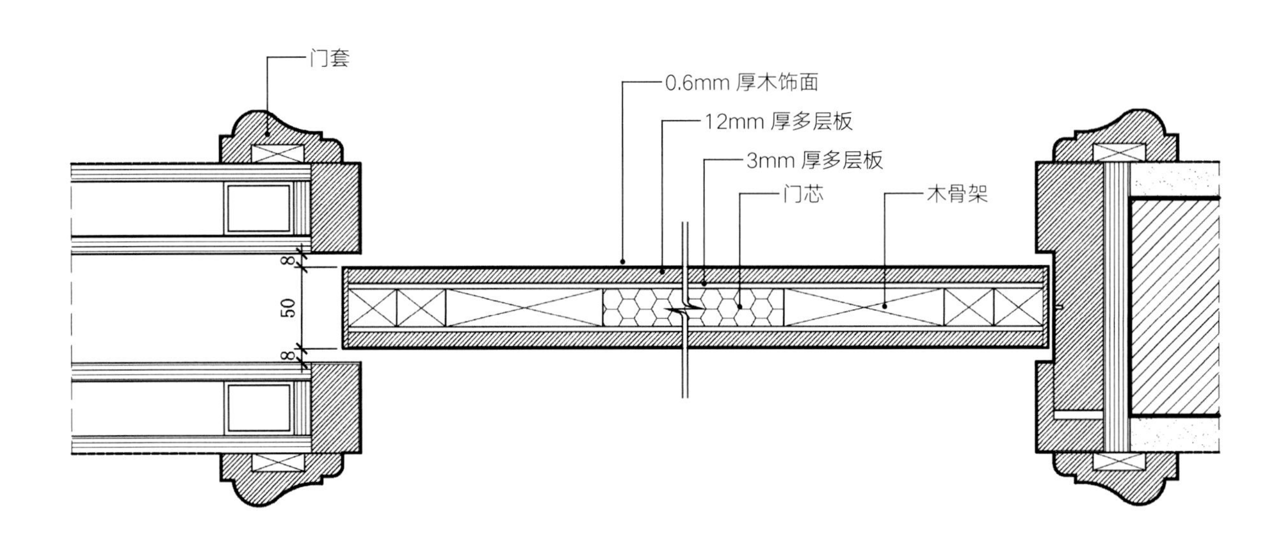

▲ 标准节点参考图

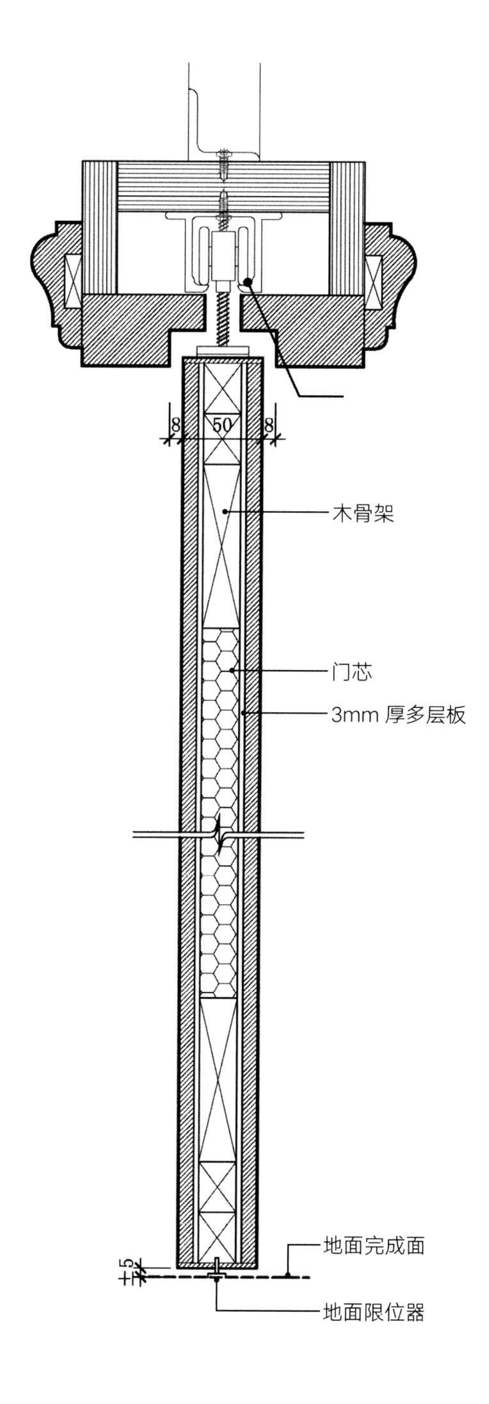

▲ 标准节点参考图

公布答案：

正确的“玻璃推拉门节点图”如下图所示，你画对了吗？
如果没画对，别灰心，建议多临摹几遍正确的图纸，让自己彻底掌握主流的玻璃推拉门节点图画法。

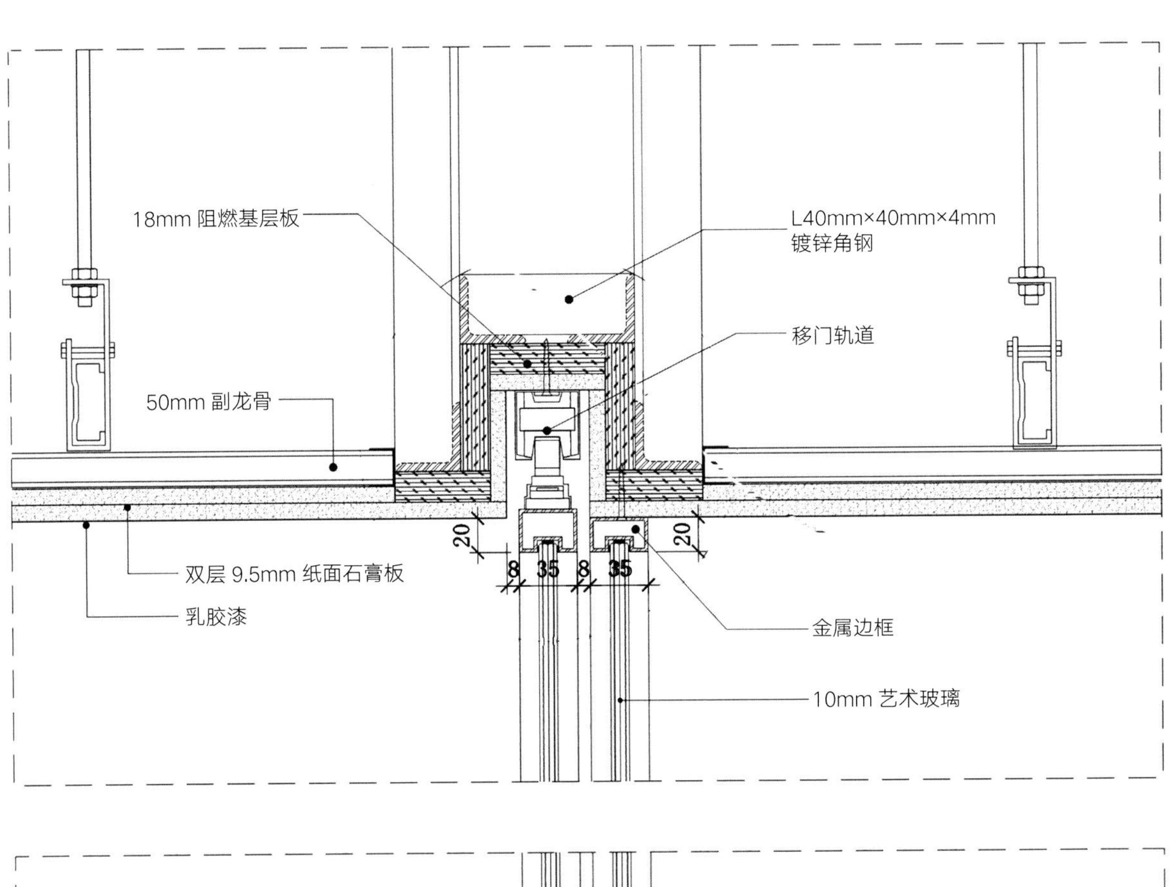

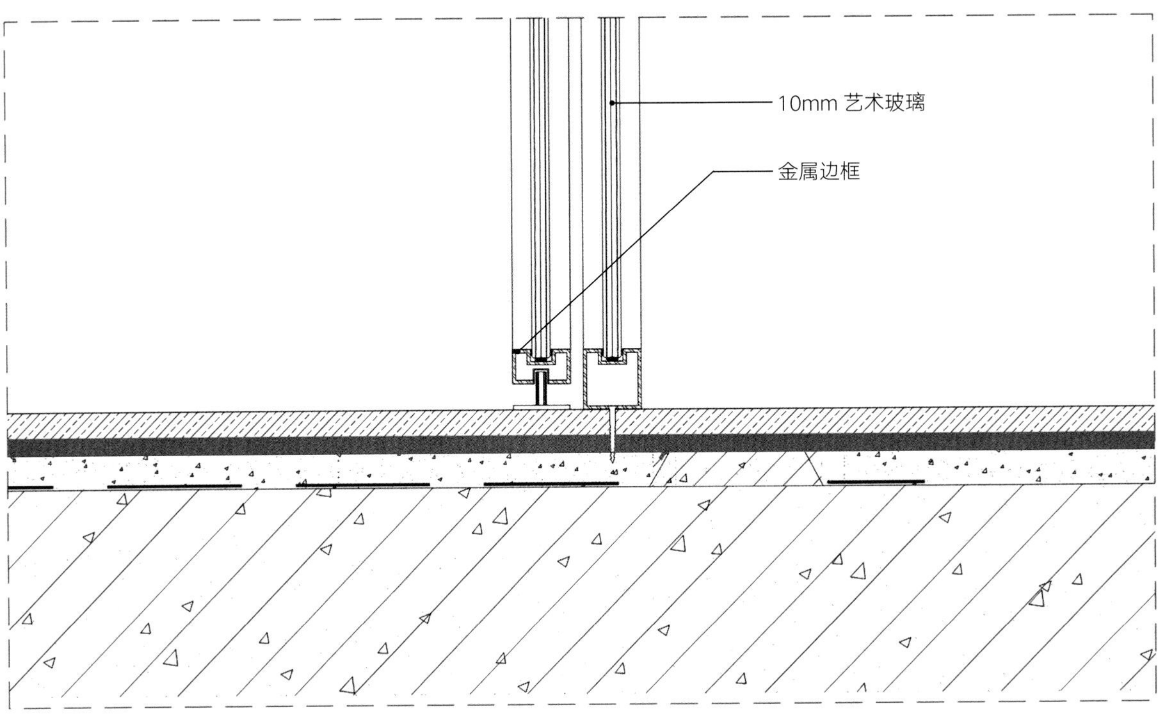

▲ 玻璃推拉门节点图

请跟着正确的节点图画细节。

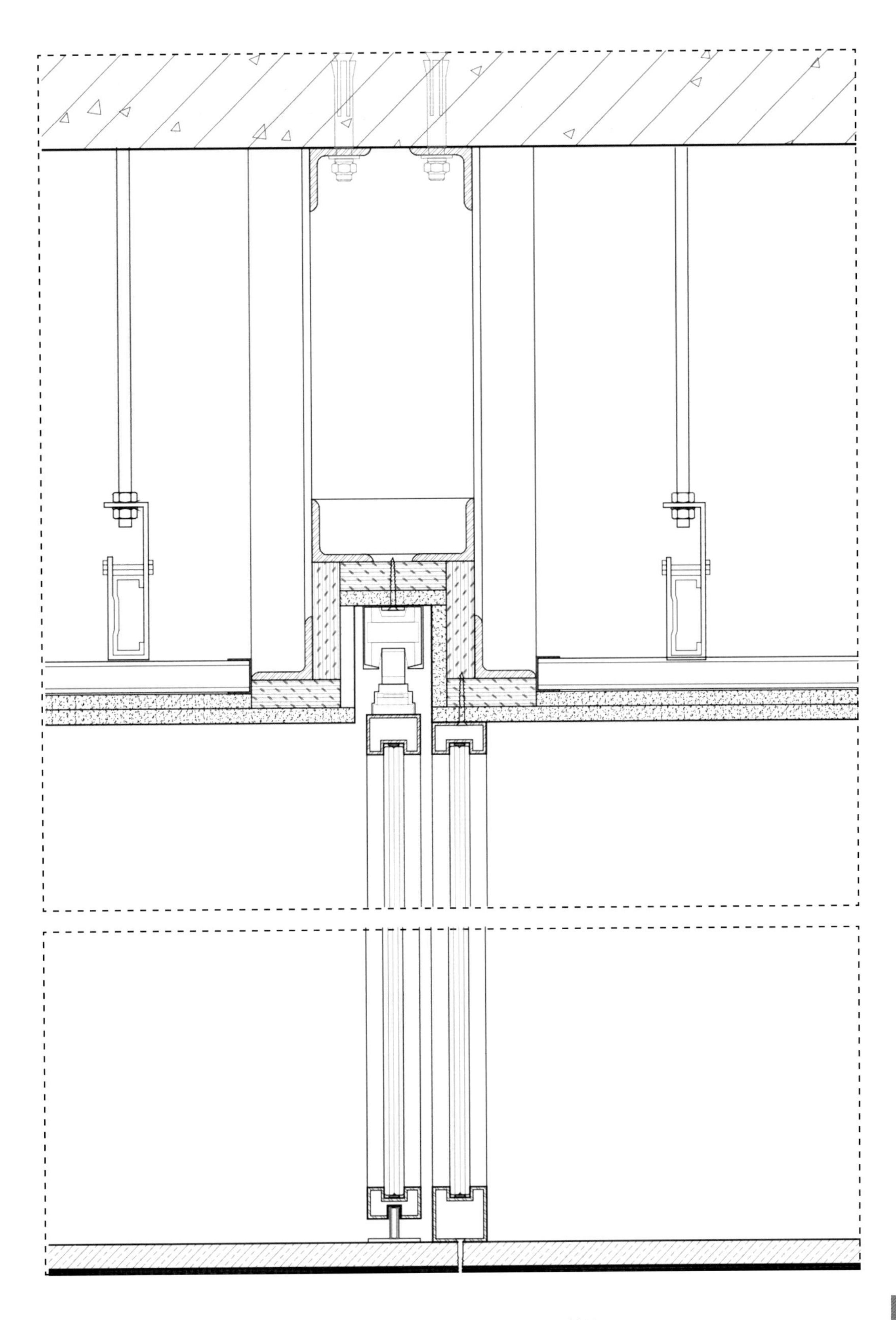

▲ 玻璃推拉门节点图重点部位二次抄绘

PROJECT 10

案例十

超高、超重门节点图

看图中标号，尝试回答下列问题，并画出图上红色剖切处造型的节点图纸。

① 图中这种超高、超重门是用什么五金件实现开合的？

② 这种门在设计时应注意哪些问题？

③ 应该怎样理解这种门的构造方式？

④ 墙面金属板的位置为什么会留一条缝？

根据图片中的问答标号，查看正确答案。

1 图中这种超高、超重门是用什么五金件实现开合的？

首先，设计师需要知道该门的开启方式。如果只让该门单向开启（即只能向内或向外开），则根据门的厚度及重量的不同，可选用对应型号的重型合页或偏心门轴等门五金来实现开合。

如果想让该门双向开启（内外都能开），则需要使用重型地弹簧或天地转轴来做开合构件。

如果采用地弹簧或天地转轴等需要预埋的构件，则需要在前期地面找平前，现场弹好定位线，并提前预埋五金构件，后期地面饰面完成后，直接吊装成品门即可。正常情况下，这种超高、超重门不会是防火门。

2 这种门在设计时应注意哪些问题？

在通常情况下，门扇的高度超过 3m 就可称为“超高门”，为了保证这种高度的门更加稳固，处理时不能像普通门一样，只用木料和板块做门扇，需在门内增加钢架保证门的稳定性。这样，门扇的重量和厚度就随之增加，因此，为了保证安全性，当门超过 6m 时，应由结构设计人员核算是否需要增加防倒链，如果需要增加，在深化设计时应预留防倒链的埋件，埋件须与基层钢架连接，切不可固定于门套饰面上。

一般门的厚度大约为 50mm，而这种超高、超重门的厚度通常为 60mm ~ 100mm，具体厚度根据饰面材料的不同而有变化，但一定会比普通的门厚，因此，还要考虑门的开合问题。

根据使用空间的不同，还需要考虑门的隔声性和功能性，以及是否需要增加挡尘条、地锁、密封条等五金配件。

最后，还应考虑超高、超重门的门套与周边材料的收口关系。

3 应该怎样理解这种门的构造方式？

超高、超重门的构造和安装方式可以用一个公式来理解，即“门的构造 = 门套 + 开合构件 + 门扇”。以图中这个超高、超重门为例，它的构造 = 金属门套 + 重型地弹簧 + 金属门扇。

有了这个公式，设计师再去看其他门的构造时，只要观察门扇与门套是怎样连接的即可。

4 墙面金属板的位置为什么会留一条缝？

在设计方案的时候，设计师都希望做到无缝拼接的效果，但由于材料的规格限制，还是会出现材料拼缝的情况。所以，设计师在设计方案或者进行深化设计时，如果使用面积过大的材料，一定要预留工艺缝。如果在设计时没有考虑大面积材料的分缝和工艺缝与周边造型的关系，那么，施工方就有可能根据自己的理解进行材料下单，这样容易影响美观。

所以，设计师应该尽可能考虑材料的规格限制，避免出现方案设计过于理想化的情况。以下是几组参考数据：大多数装饰板材，如木饰面、石材等的最大边长都在 3000mm 左右；铝板、不锈钢板这种金属材料常规的最大边长在 6000mm 左右；壁纸的宽幅在 1400mm 左右。只有玻璃这种常见的装饰材料可以定制加工到超过 10m，但是其价格非常高，而且如果幕墙完成安装后，大规格尺寸进不了电梯和门洞，将无法进行室内安装。

请根据“完成面信息图”给出的相关完成面信息，结合“标准节点参考图”，尝试自己动手画出案例十剖切处的“超高、超重门节点图”。

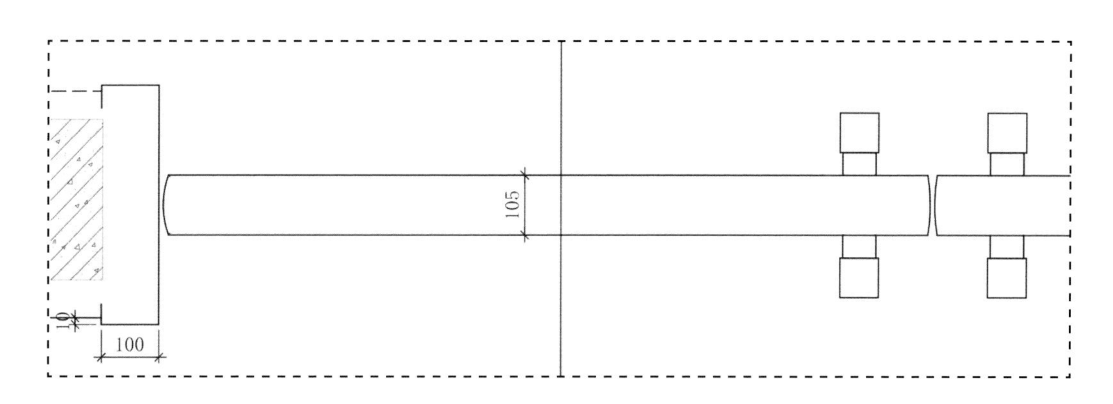

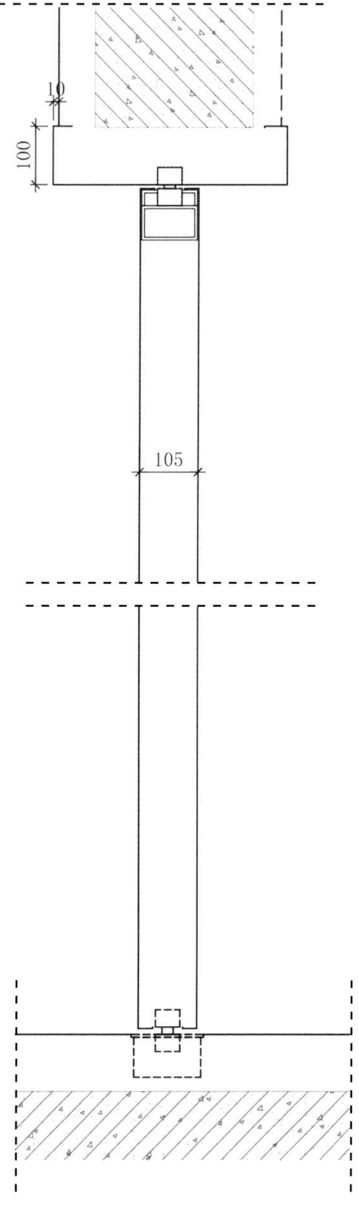

▲ 完成面信息图

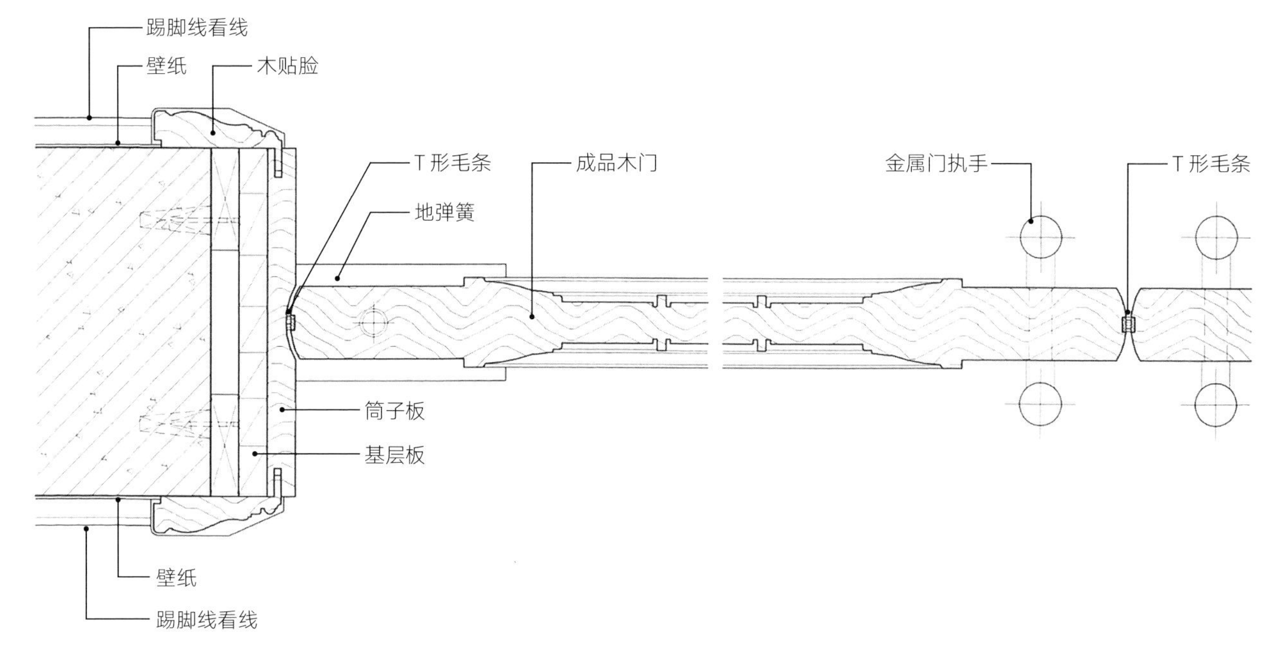

▲ 标准节点参考图

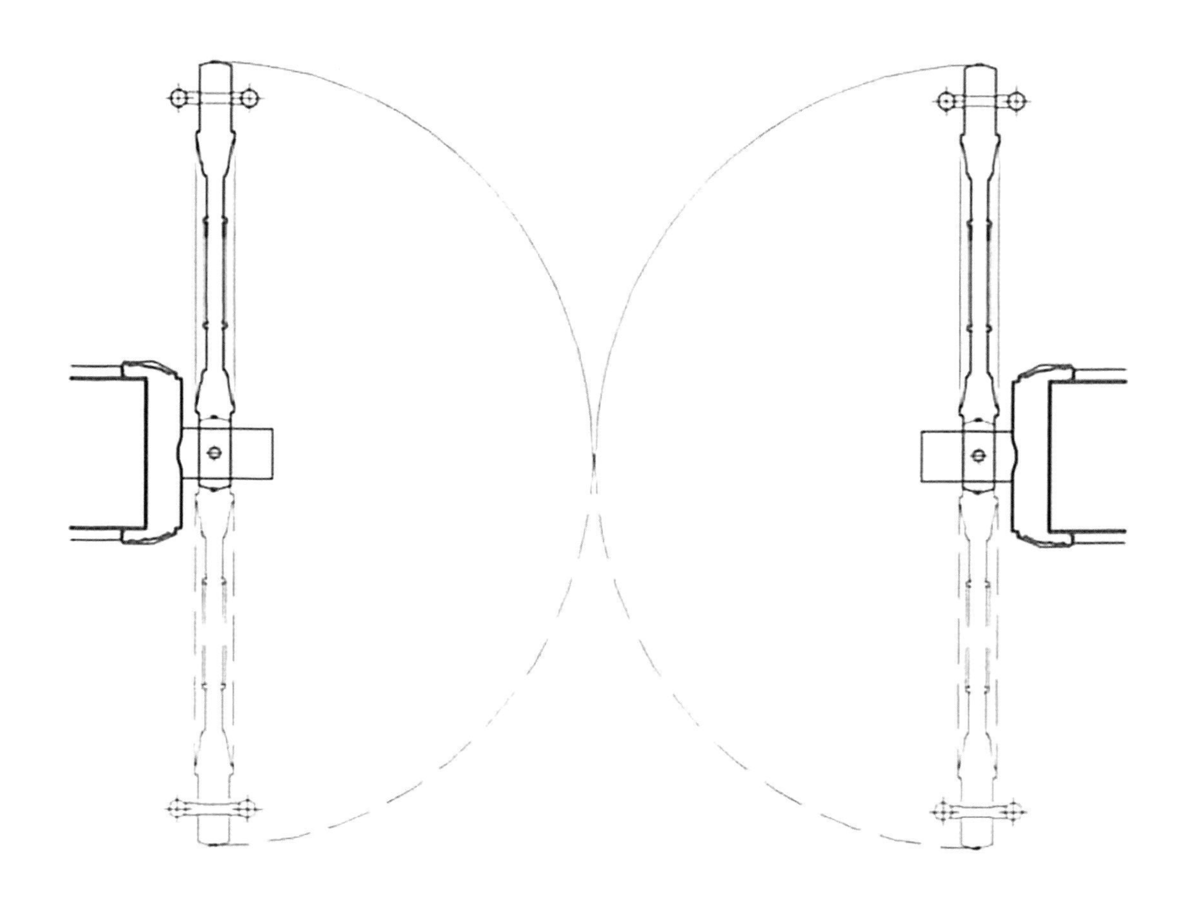

▲ 标准节点参考图

扫码查看视频，教你如何使用标准图集，解决节点问题，完成案例节点的绘制。

扫码之前，请先根据书中提供的卡片兑换《dop 工艺节点提升计划》第一季电子版观看权限。

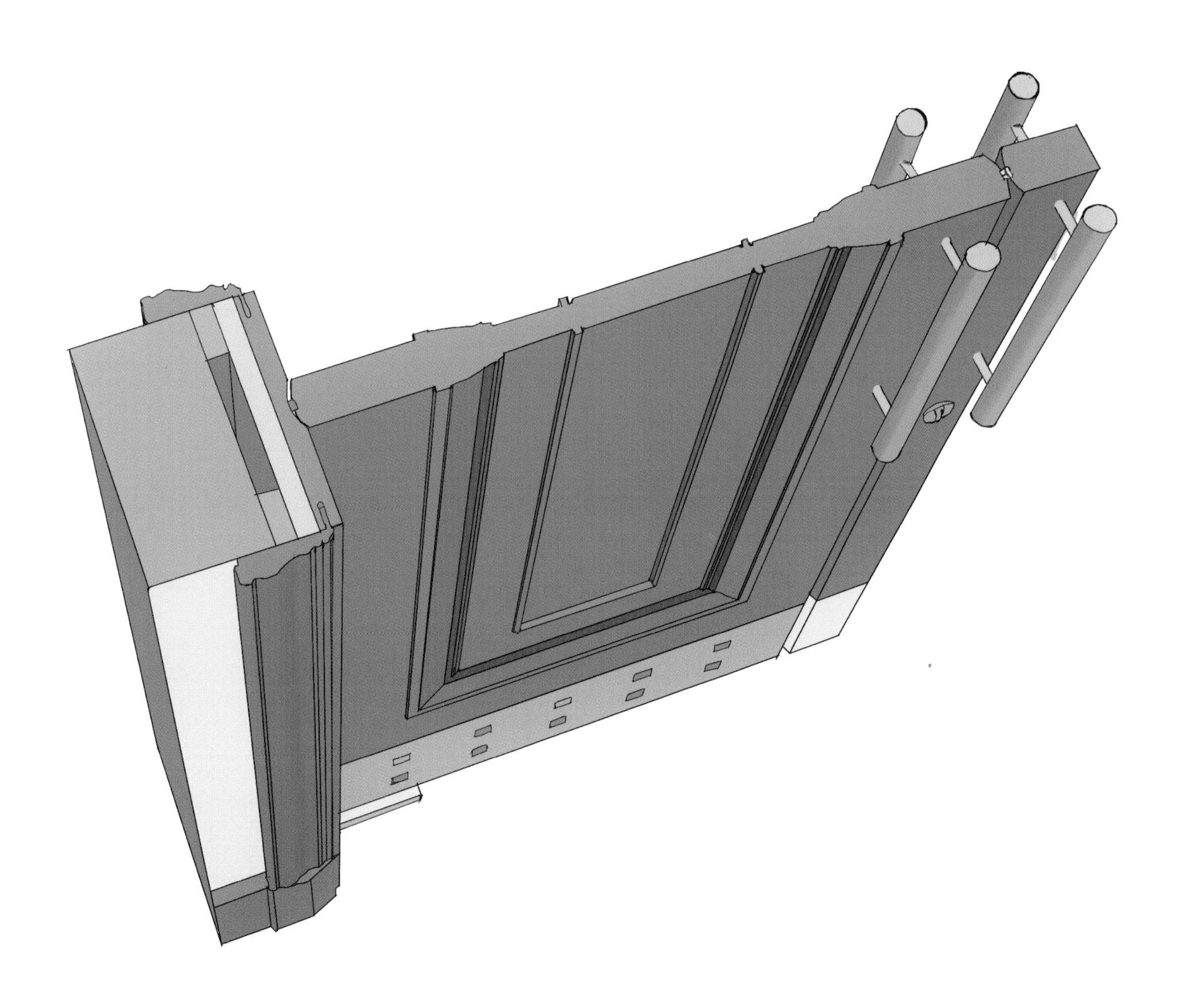

▲ 标准节点参考图（三维示意）

公布答案：

正确的“超高、超重门节点图”如下图所示，你画对了吗？
如果没画对，别灰心，建议多临摹几遍正确的图纸，让自己彻底掌握主流的超高、超重门节点图画法。

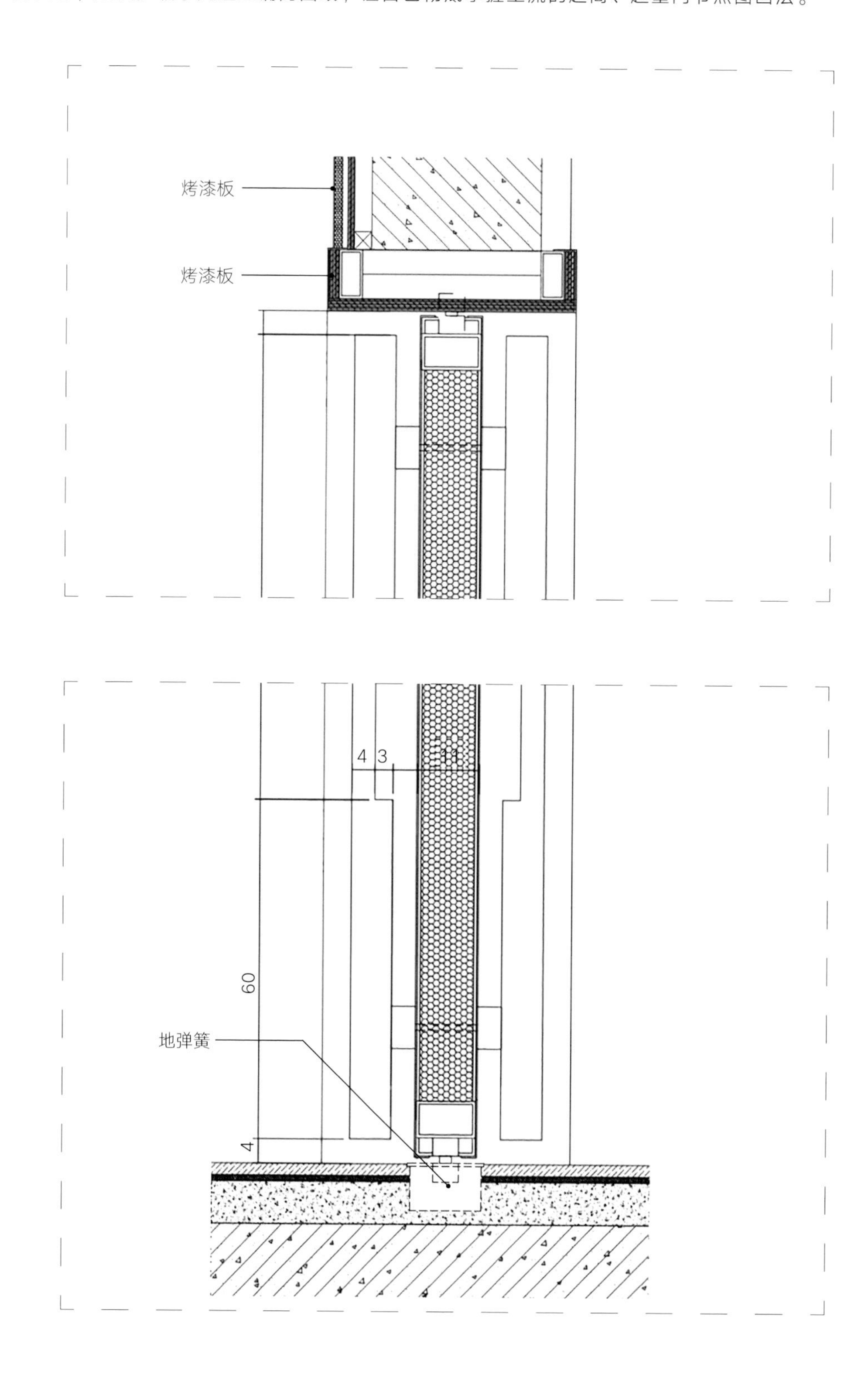

▲ 超高、超重门节点图

请跟着正确的节点图画细节。

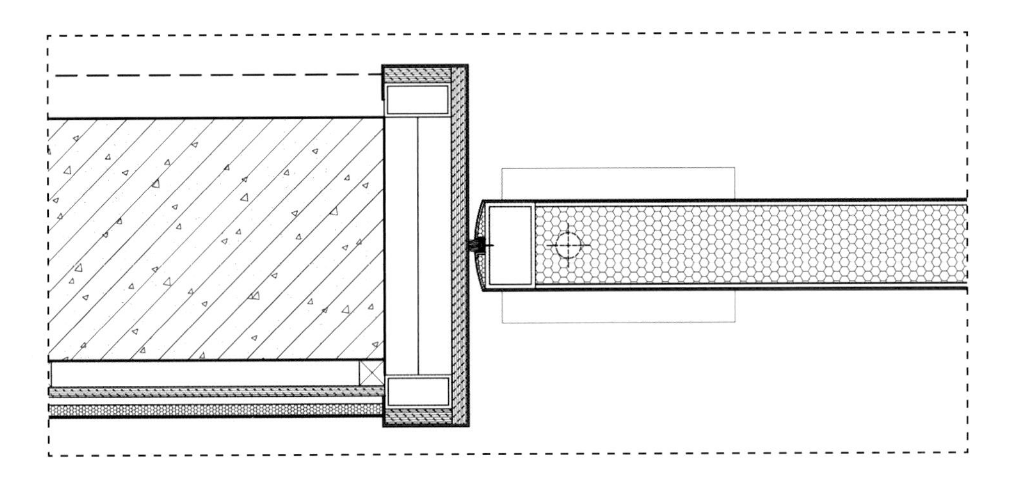

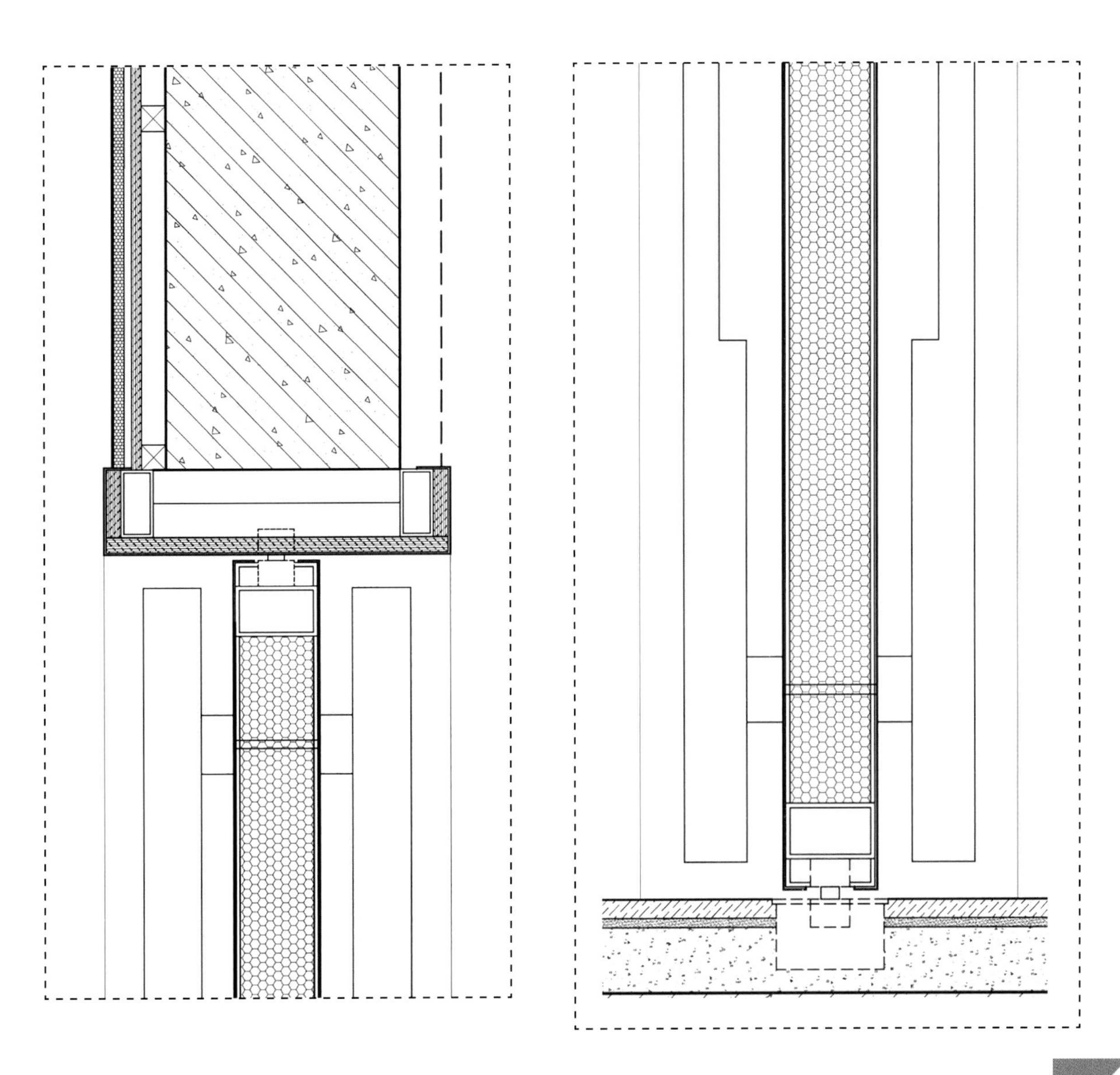

▲ 超高、超重门节点图重点部位二次抄绘

PROJECT 11

案例十一

纯玻璃栏杆扶手节点图

看图中标号，尝试回答下列问题，并画出图上红色剖切处造型的节点图纸。

① 关于临边栏杆，相关规范上有什么规定？

② 挑出平台的墙面与一层的顶面收口应该怎样处理？

③ 应该怎样理解这种栏杆和它的做法？

④ 图中的悬挑楼梯在设计时应该注意什么？

根据图片中的问答标号，查看正确答案。

1 关于临边栏杆，相关规范上有什么规定？

相关规范中对临边的栏杆扶手的高度有明确规定。

- 当临空一侧的高度大于 24m 时，栏杆的高度不应低于 1100mm；当临空一侧的高度小于 24m 时，栏杆的高度不应低于 1050mm。
- 如果是星级酒店内的临边栏杆，其高度不应低于 1100mm。
- 临边栏杆采用玻璃栏河栏杆时，必须采用钢化夹胶玻璃，厚度不应小于 15mm，且玻璃栏杆的埋入深度建议不小于栏杆高度的 1/4。
- 栏杆临边一侧的高度大于 5m 时，则不建议使用纯玻璃的栏河栏杆作为临边栏杆。如果想使用纯玻璃的栏河栏杆，则须增加金属立杆替代玻璃栏杆来承受水平推力。

2 挑出平台的墙面与一层的顶面收口应该怎样处理？

类似这种地方的收口，很多设计师的做法都是让楼板的立板与下层天花的吊顶直接“撞”在一起。但这样做的问题是，由于立板的平整性很难保证，或随着时间的推移，吊顶与立板的收口处会出现大小不一的缝隙，因此，建议预留 5mm ~ 10mm 的凹槽，再进行收口处理。

3 应该怎样理解这种栏杆和它的做法？

本书把这类埋入地面的玻璃固定方式统称为“凹槽打胶”，这种构造可以用一个公式理解：玻璃构造 = 支撑基体 + 玻璃槽口 + 软连接 + 玻璃。

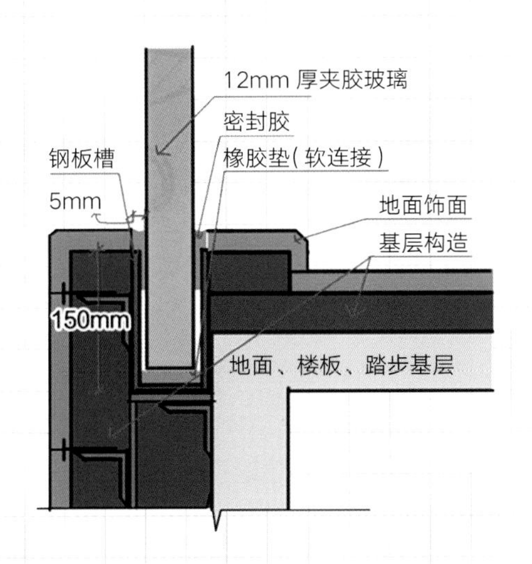

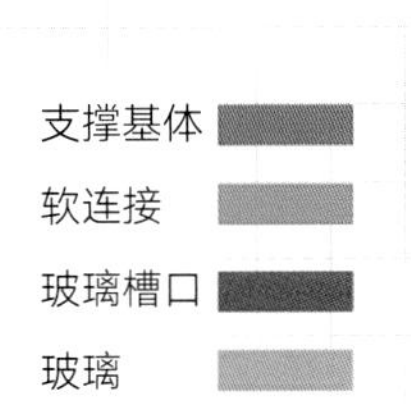

4 图中的悬挑楼梯在设计时应该注意什么？

考虑到公共空间中会有老人和小孩通行，所以并不推荐将这种挑空楼梯用于公共空间中。

在设计这种楼梯时，为了满足舒适性，应该对踏步的宽高比进行把控。正常情况下，踏步宽度应大于等于 260mm，两级踏步之间的高度在 150mm ~ 170mm 最为合适。

安装这种一侧与墙面固定，另一侧挑空的楼梯时，详细的节点做法以及结构核算书应由专业厂家提供，设计师绘制的节点图纸只能当作参照，不能作为最终的安装图。

挑空平台的厚度 = 二层地面完成面厚度 + 钢结构基层厚度 + 楼板下层管线厚度 + 天花造型厚度。它们之间的关系要查阅相关的专业图纸确定，不能随意设计。

请根据“完成面信息图”给出的相关完成面信息，结合“标准节点参考图”，尝试自己动手画出案例十一剖切处的“纯玻璃栏杆扶手节点图”。

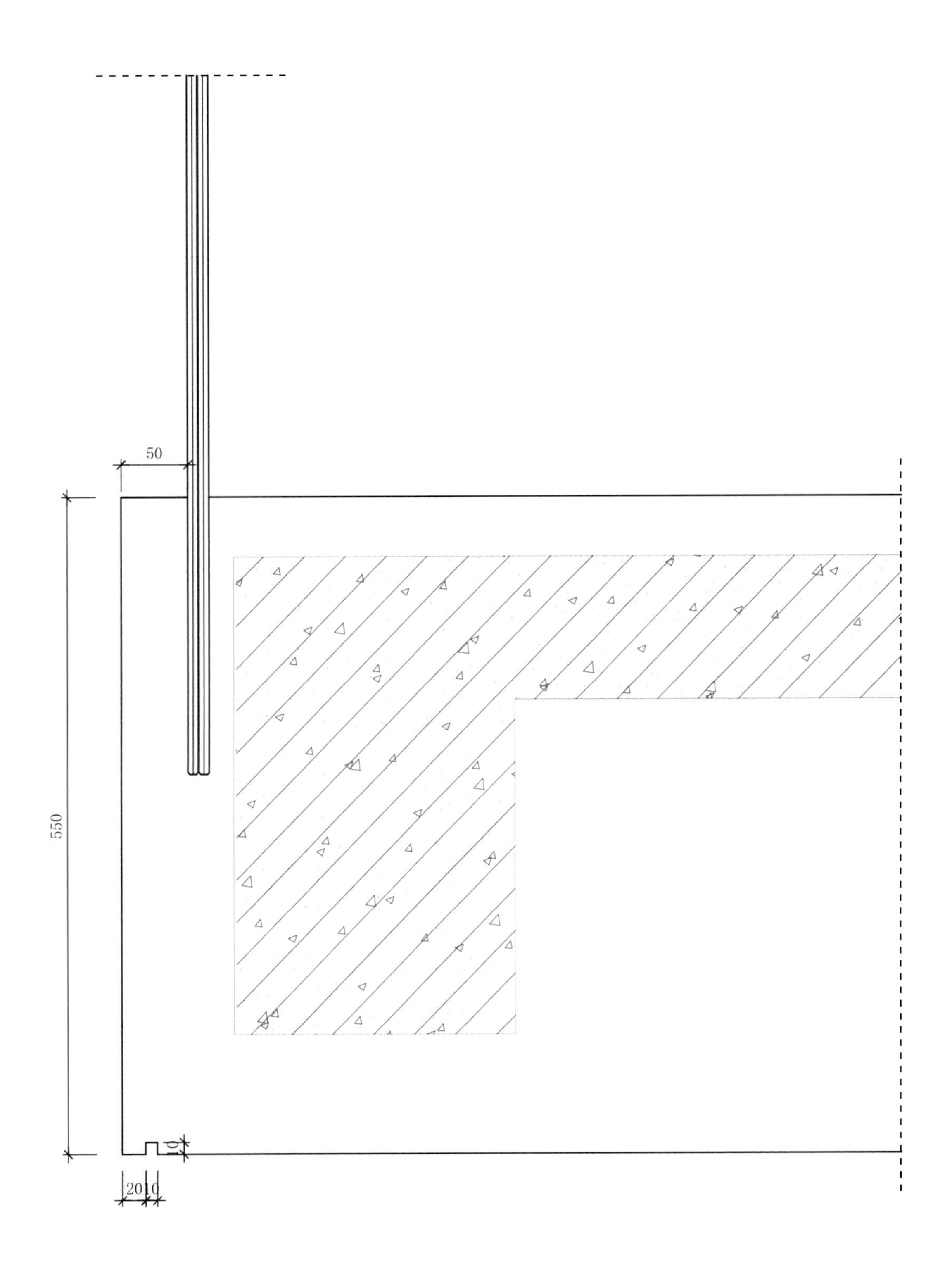

▲ 完成面信息图

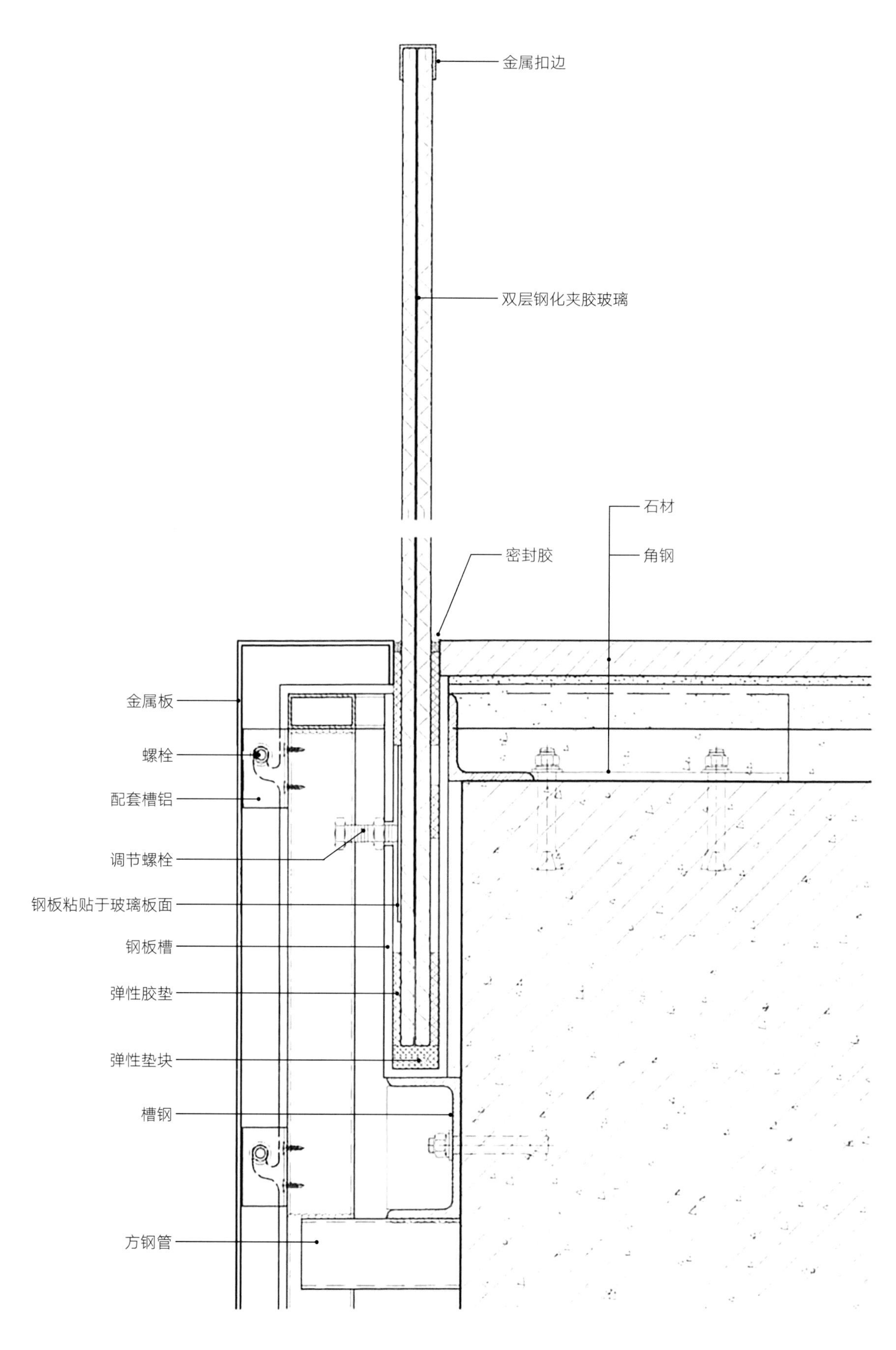
金属扣边
双层钢化夹胶玻璃
石材
密封胶
角钢
金属板
螺栓
配套槽铝
调节螺栓
钢板粘贴于玻璃板面
钢板槽
弹性胶垫
弹性垫块
槽钢
方钢管

▲ 标准节点参考图

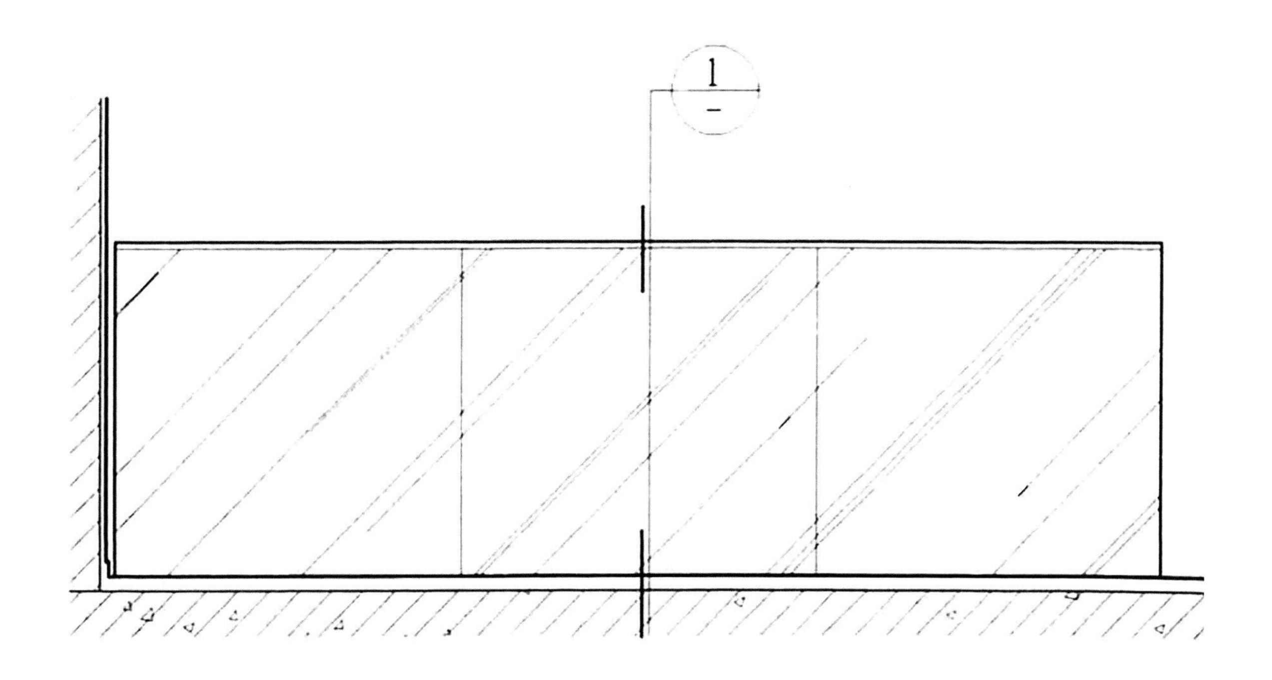

▲ 标准节点参考图

扫码查看视频，教你如何使用标准图集，解决节点问题，完成案例节点的绘制。

扫码之前，请先根据书中提供的卡片兑换《dop 工艺节点提升计划》第一季电子版观看权限。

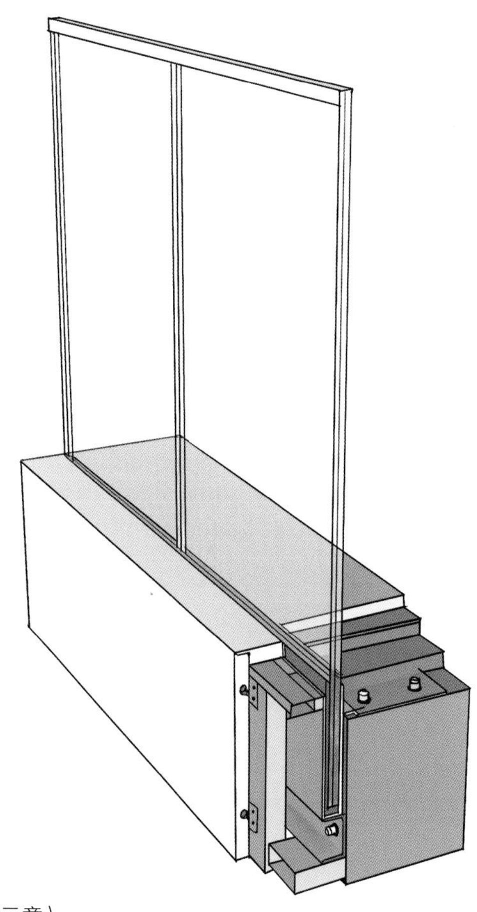

▲ 标准节点参考图（三维示意）

公布答案：

正确的“纯玻璃栏杆扶手节点图”如下图所示，你画对了吗？
如果没画对，别灰心，建议多临摹几遍正确的图纸，让自己彻底掌握主流的纯玻璃栏杆扶手节点图画法。

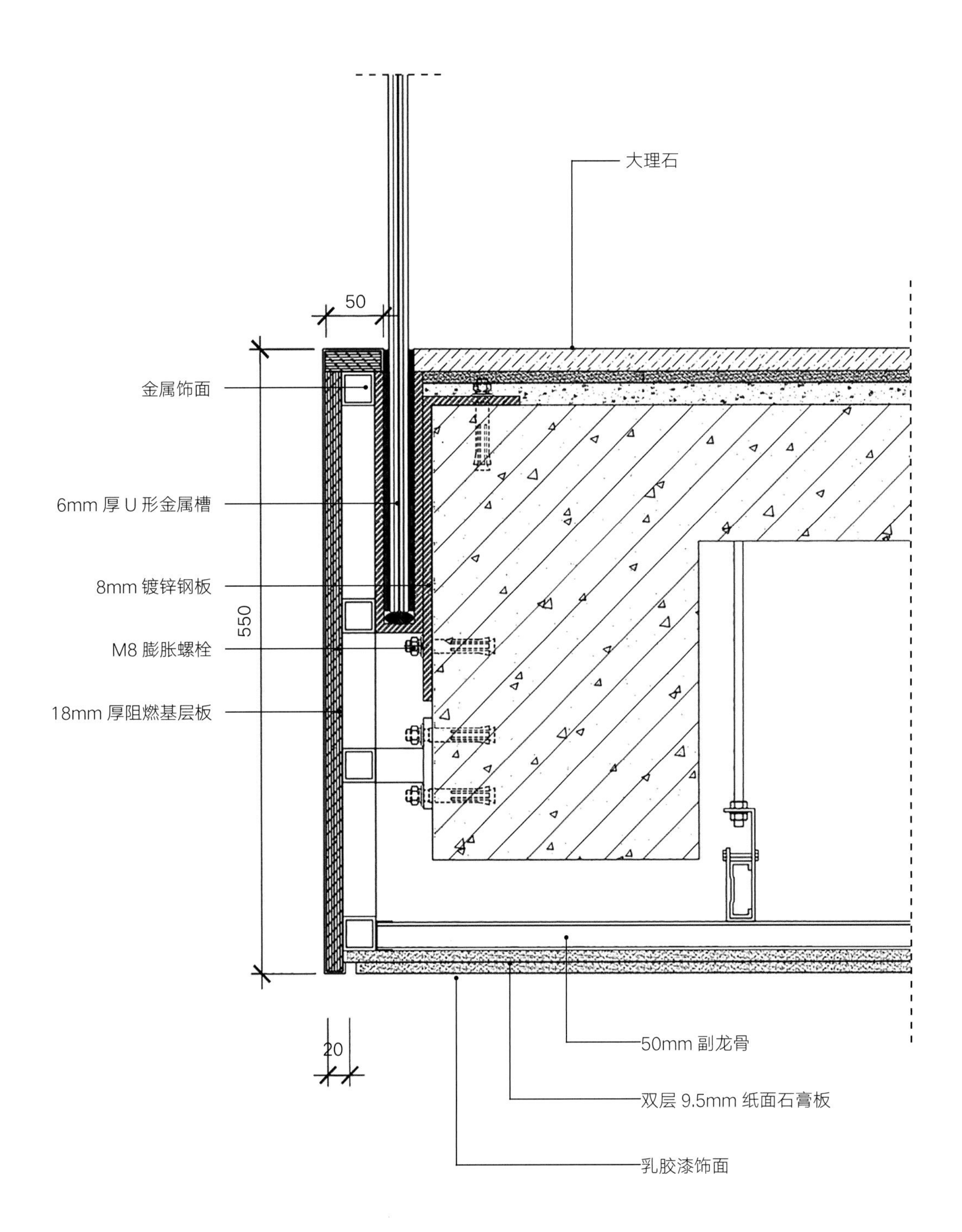

▲ 纯玻璃栏杆扶手节点图

请跟着正确的节点图画细节。

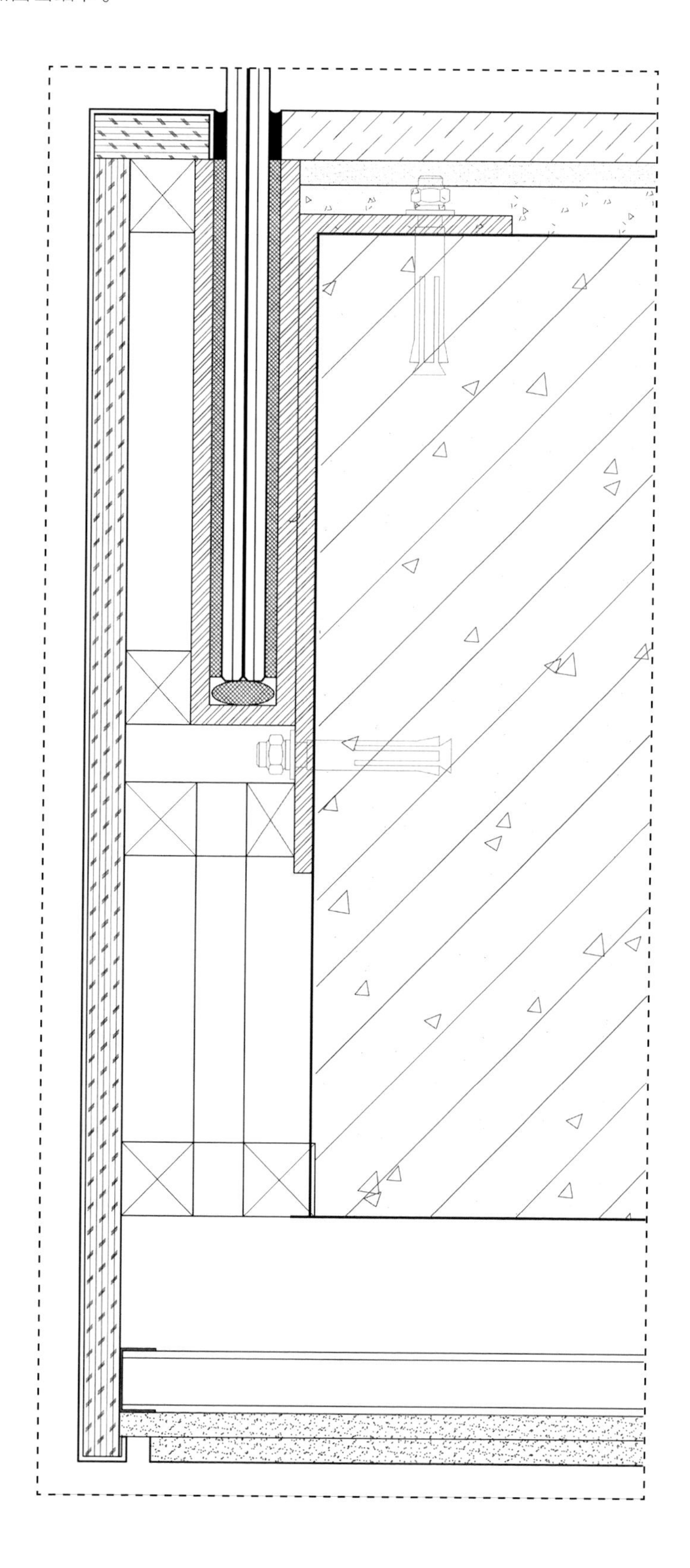

▲ 纯玻璃栏杆扶手节点图重点部位二次抄绘

PROJECT 12

案例十二

嵌入式浴缸节点图

看图中标号，尝试回答下列问题，并画出图上红色剖切处造型的节点图纸。

① 浴缸周边需要设置地漏吗？

② 通常情况下，浴缸有哪些形式？

③ 图中的浴缸在深化设计时，应该注意哪些细节？

④ 为什么多数酒店都使用台下盆？

根据图片中的问答标号，查看正确答案。

1 浴缸周边需要设置地漏吗？

通常情况下，为了避免浴缸中的水溢出后造成地面积水，除了预留正常的排水管道外，还要在浴缸的外围设置一个地漏。为了保证装饰效果，通常会采用条形地漏或暗地漏的形式。

还有一些酒店管理公司或者业主方会要求在这种封闭式浴缸的下面设置排水地漏，保证浴缸下的积水能顺利排出。但是，这样做可能会存在一个问题：如果浴缸下方长期处于干燥的状态，地漏的存水弯积水会变干，从而失去水封的效果，时间久了，必然会产生异味。

因此，设计师不能想当然地认为浴缸下面就应该有排水地漏，因为是否设置排水地漏更多的要看给排水专业人员是否在该点位预留了排水口，以及业主方和管理公司的具体要求。

2 通常情况下，浴缸有哪些形式？

常见的浴缸的分类方式有三种。按照功能，浴缸可以分为普通浴缸、坐泡式浴缸、按摩浴缸；按照浴缸裙边与台面的收口关系，浴缸可以分为裙边高于台面的浴缸和裙边低于台面的浴缸；按照形式，浴缸可以分为独立浴缸、普通浴缸、三角浴缸等。

3 图中的浴缸在深化设计时，应该注意哪些细节？

这种浴缸的基层形式通常有两种：一是通过钢架搭起骨架，然后安装浴缸和台面饰面；二是通过水泥砖垒起基层骨架，然后安装浴缸和台面饰面。目前，国内几乎所有项目使用的都是钢架搭起骨架这种固定方式，垒水泥砖做基层的形式几乎已经被淘汰了。

设计这种嵌入式浴缸时，应考虑检修口的预留。一般情况下，检修口的规格应不小于400mm×400mm。检修口暗门的做法与普通石材暗门的做法一致。

如果浴缸靠玻璃一侧有垂直卷帘，在深化时，应注意预留收纳卷帘的凹槽，避免卷帘与台面之间有缝隙。

最后，如果做更进一步的核查，应当注意浴缸的龙头与浴缸的位置关系，如果是立式龙头，应考虑避开人流的动线，以免发生碰撞。

4 为什么多数酒店都使用嵌入式浴缸（裙边低于台面的浴缸）？

目前，主流的酒店管理公司都要求台盆必须采用台下盆的形式，一是避免台上盆与石材饰面收口处打胶收口问题，收口处除了影响美观，还容易发霉，二是台下盆更方便打扫，节约保洁人员时间，提高效率。浴缸区域同理。

请根据“完成面信息图”给出的相关完成面信息，结合“标准节点参考图”，尝试自己动手画出案例十二剖切处的“嵌入式浴缸节点图”。

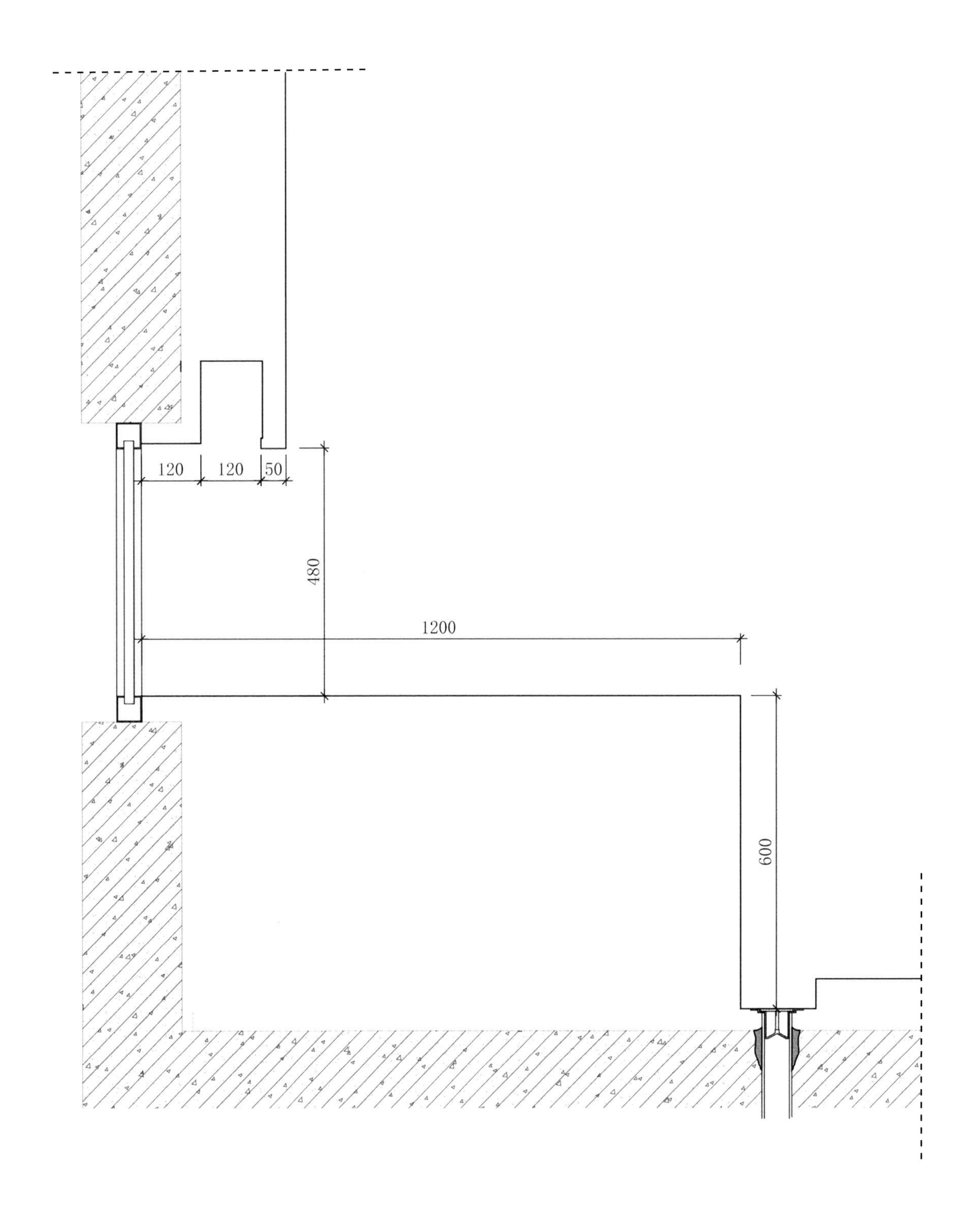

▲ 完成面信息图

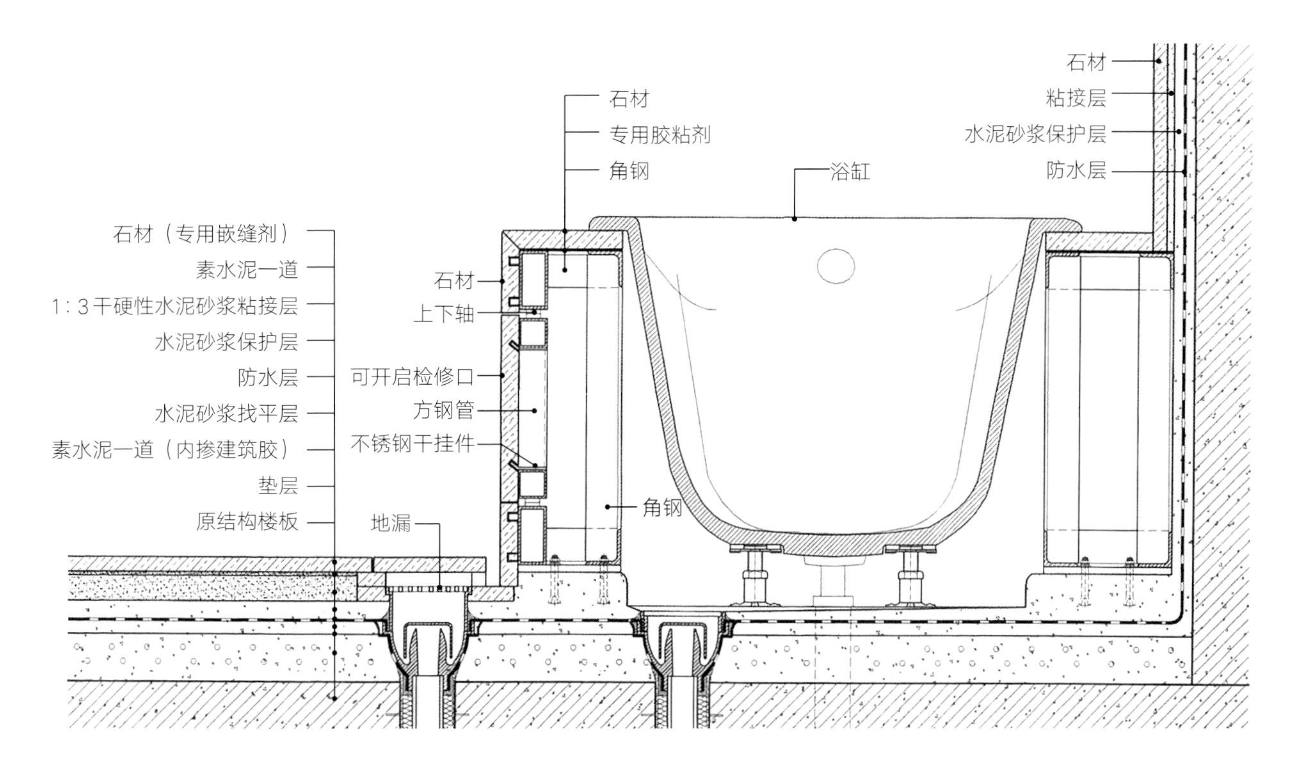

▲ 标准节点参考图

扫码查看视频，教你如何使用标准图集，解决节点问题，完成案例节点的绘制。

扫码之前，请先根据书中提供的卡片兑换《dop 工艺节点提升计划》第一季电子版观看权限。

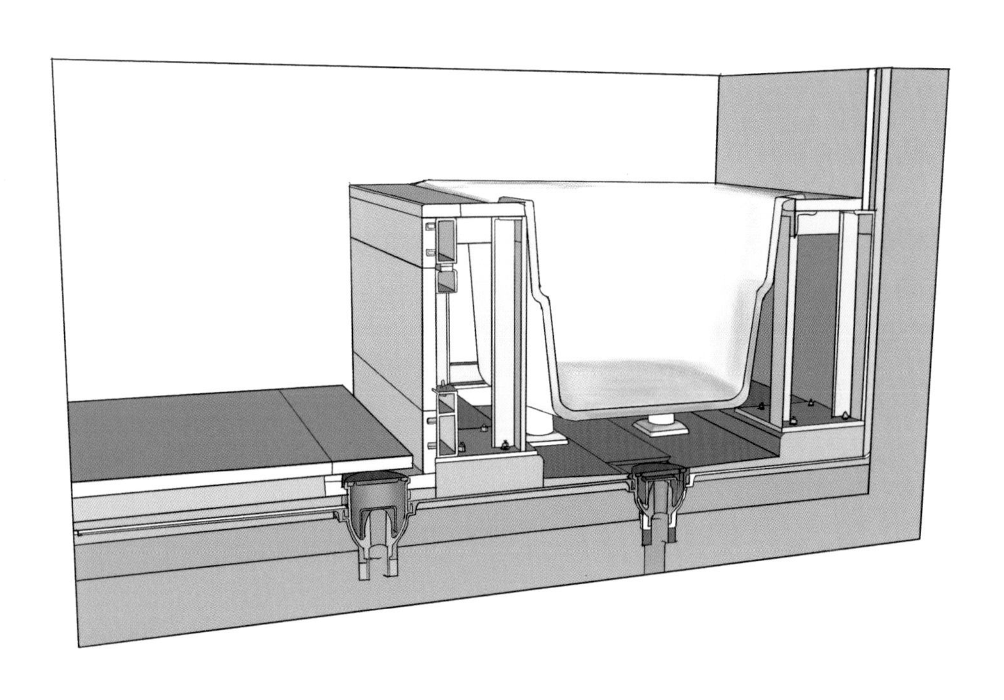

▲ 标准节点参考图（三维示意）

公布答案：

正确的“嵌入式浴缸节点图”如下图所示，你画对了吗？
如果没画对，别灰心，建议多临摹几遍正确的图纸，让自己彻底掌握主流的嵌入式浴缸节点图画法。

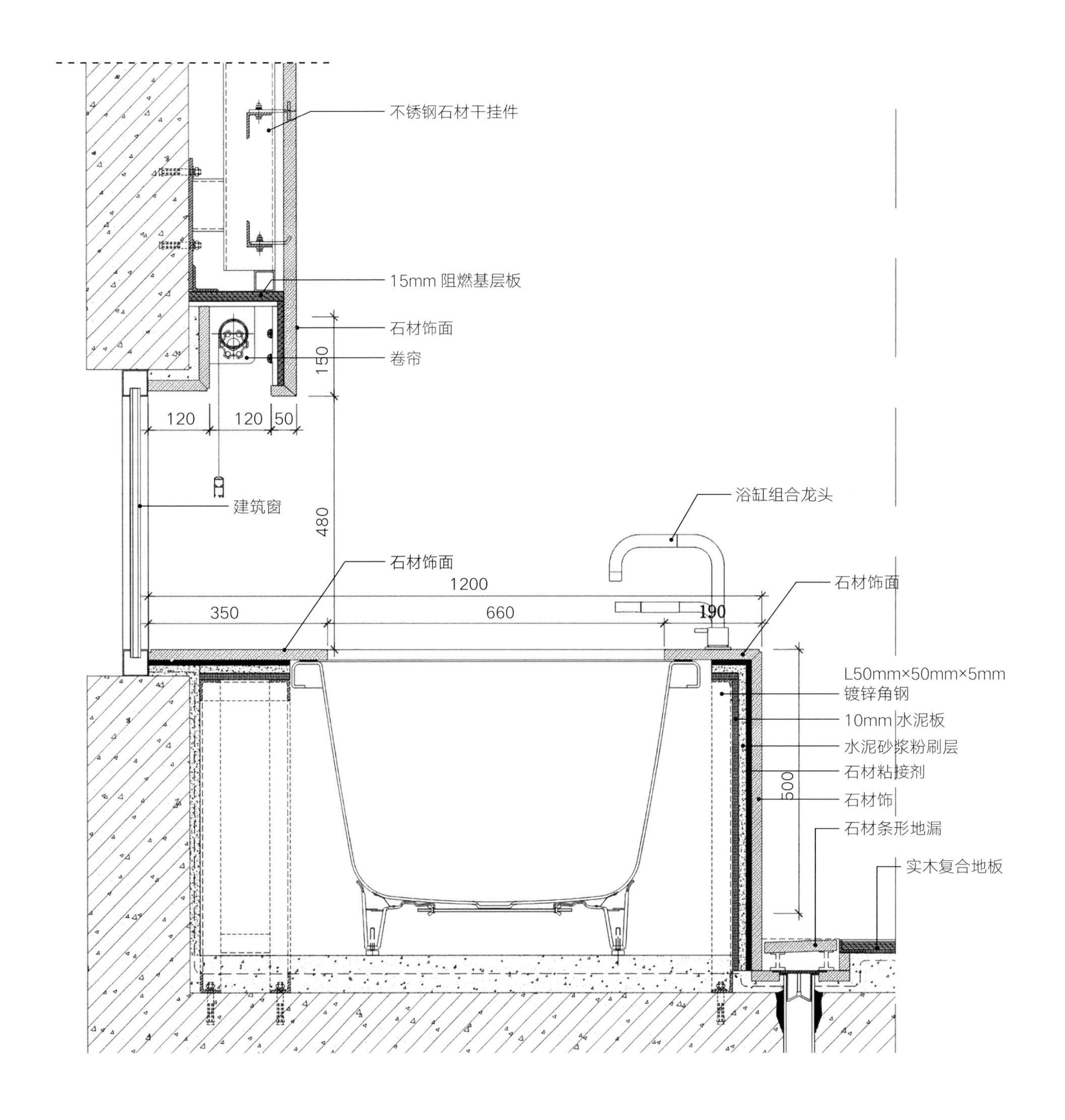

▲ 嵌入式浴缸节点图

请跟着正确的节点图画细节。

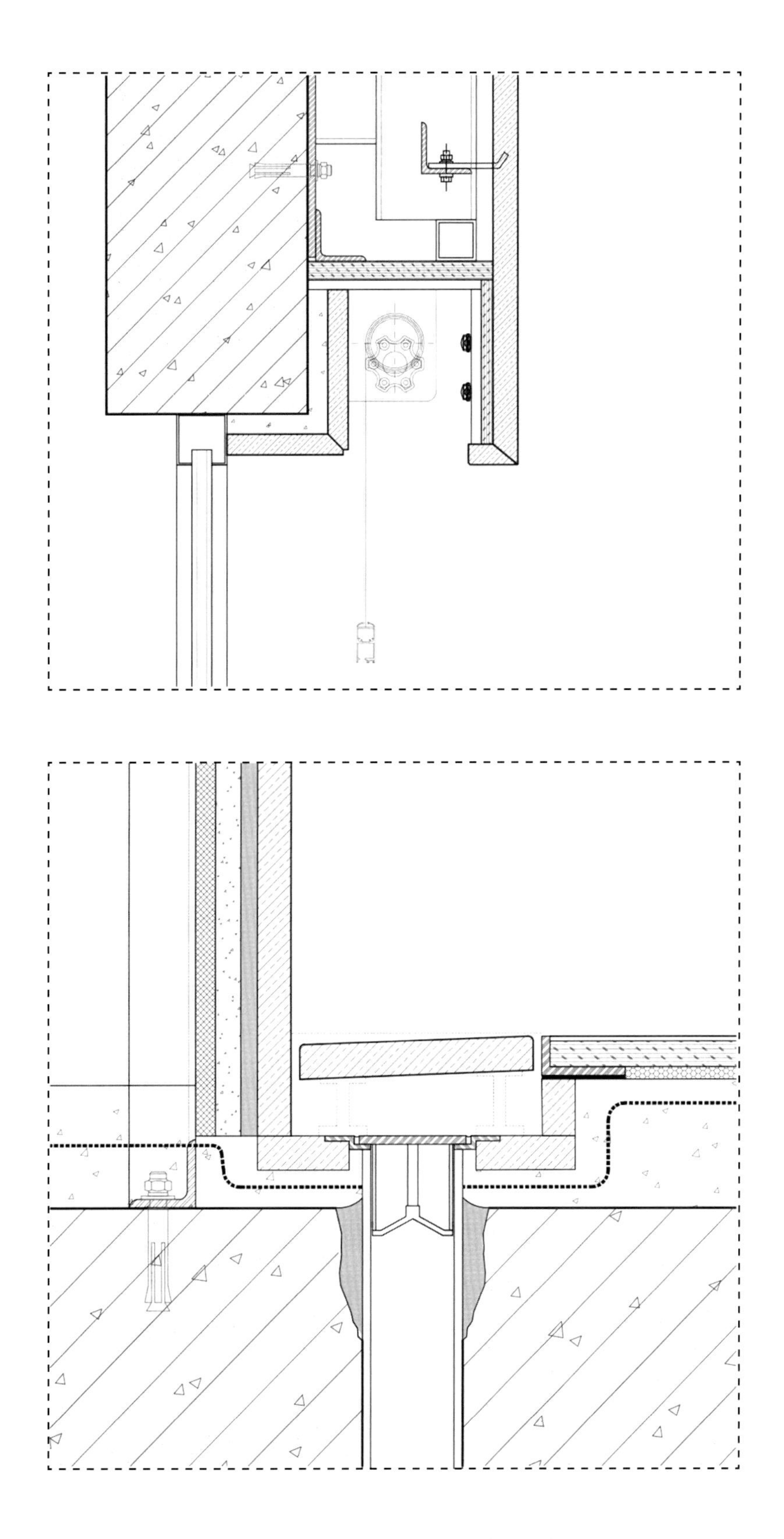

▲ 嵌入式浴缸节点图重点部位二次抄绘

PROJECT 13

案例十三

卫生间洗面台节点图

看图中标号，尝试回答下列问题，并画出图上红色剖切处造型的节点图纸。

① 达到图中的镜面效果还能用什么材料？

② 下水管应该怎样隐藏？设计时要注意什么？

③ 该台盆有哪些细节值得思考？

④ 独立浴缸周围是否需要设置地漏？

⑤ 做镜面设计时，应考虑哪些问题？

⑥ 镜面与木饰面如何收口？

根据图片中的问答标号，查看正确答案。

1 达到图中的镜面效果还能用什么材料？

除银镜外，该区域的镜面效果还能采用铝板、不锈钢板等金属材质实现。在使用金属材质时，要留意其厚度不能小于 1.2mm，同时最好使用内衬蜂窝板保证金属镜面的平整度。

2 下水管应该怎样隐藏？设计时要注意什么？

在该案例中，给排水管隐蔽于墙体内部，采用了墙面同排的方式。在设计台盆时，应根据给排水的方式考虑台盆样式以及给排水管的隐藏问题，同时留意墙面完成面的厚度，墙面完成面的厚度以不小于 150mm 为宜。

3 该台盆有哪些细节值得思考？

台盆转角不宜为 90°，宜采用 3mm ~ 5mm 的切边收口。

毛巾架与石材面的间距宜为 40mm ~ 50mm，间距过小会影响使用，过大会影响美观。水龙头的设计要考虑出水柱与台盆的关系，采用单柄龙头时，还应考虑水龙头翻板与镜柜的间距，避免出现打不开水龙头的情况。

4 独立浴缸周围是否需要设置地漏？

在浴缸的周围必须设置一个地漏，且地砖应向地漏处按 ≥ 1% 斜度放坡，地漏的形式建议采用条形地漏。

5 做镜面设计时，应考虑哪些问题？

做镜面设计时，应注意预留防雾镜电源以及镜面灯电源，同时，做一些新潮空间的设计，可以建议业主方采用带有电子屏的镜面，为消费者提供别样的生活体验。

6 镜面与木饰面如何收口？

柜体镜面（金属面）与木饰面包边的收口部位建议预留 5mm 的凹槽收口，或采用木饰面压镜面，不建议采用 90° 的“硬碰硬”收口。

吊顶与墙面收口处宜采用 5mm × 5mm 或 10mm × 10mm 的凹槽，避免出现因施工问题而造成打胶收口影响整体观感的情况。

另外，墙面的金属锦砖工字拼贴，如果是钢架隔墙基层，建议采用水泥板（或硅酸钙板）挂网抹灰后做基层，不建议直接用胶粘于木板上。同时隔墙还应考虑隔音性。

满铺地毯与地面石材（地砖）收口处，应注意倒刺条以及L形收口条的设置，如果不采用收口条，则收口处地毯应高于石材5mm，避免后期踩踏造成交界处形成落差。

斜拼的啡网图案地面可采用浅啡网石材切割拼接，并辅以结晶处理，或采用地砖同样可达到图中的效果。

如果镜面墙面积过大，在设计时应考虑控制镜面的宽幅；如果单块镜面墙面积过大，还须考虑墙面分缝的位置。

请根据“完成面信息图”给出的相关完成面信息，结合“标准节点参考图”，尝试自己动手画出案例十三剖切处的“卫生间洗面台节点图”。

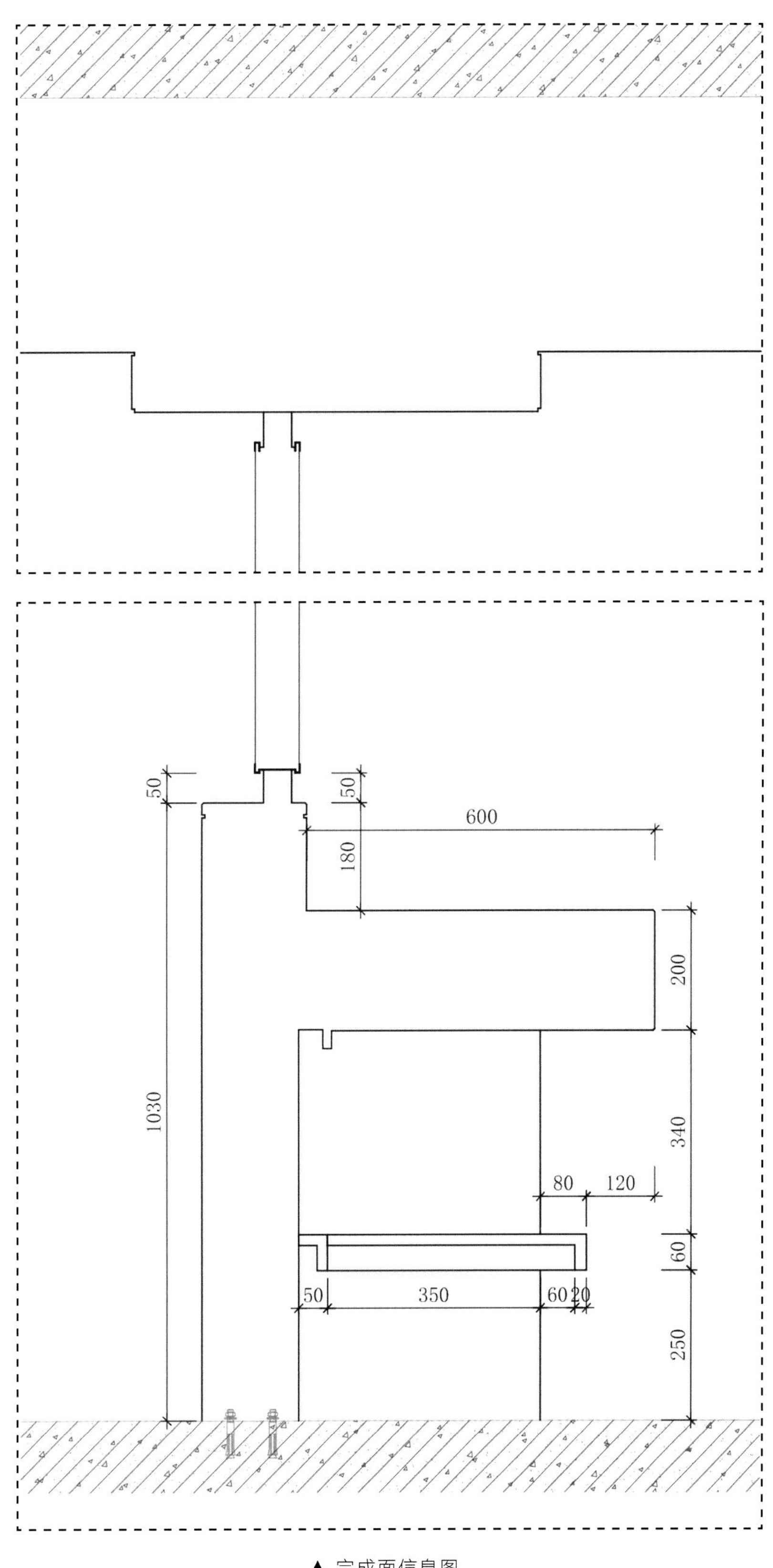

▲ 完成面信息图

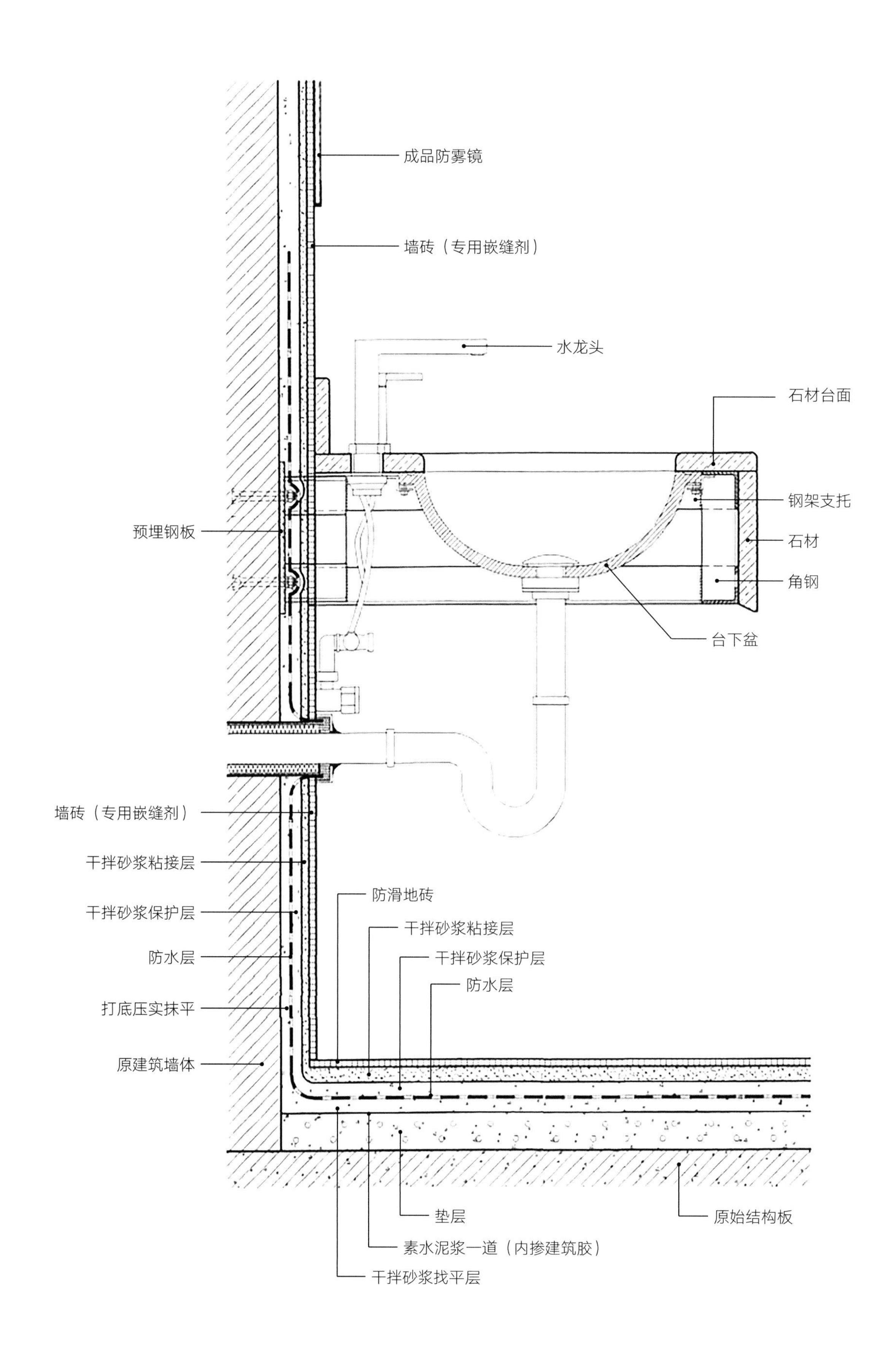
成品防雾镜
墙砖（专用嵌缝剂）
水龙头
石材台面
钢架支托
预埋钢板
石材
角钢
台下盆
墙砖（专用嵌缝剂）
干拌砂浆粘接层
干拌砂浆保护层
防水层
打底压实抹平
原建筑墙体
防滑地砖
干拌砂浆粘接层
干拌砂浆保护层
防水层
垫层
原始结构板
素水泥浆一道（内掺建筑胶）
干拌砂浆找平层

▲ 标准节点参考图

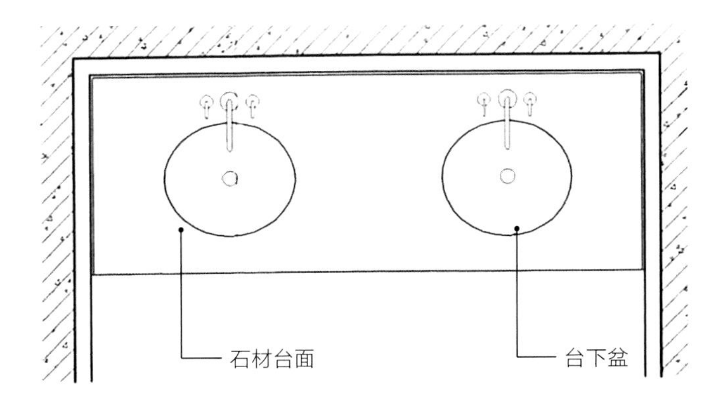

▲ 标准节点参考图

扫码查看视频，教你如何使用标准图集，解决节点问题，完成案例节点的绘制。

扫码之前，请先根据书中提供的卡片兑换《dop 工艺节点提升计划》第一季电子版观看权限。

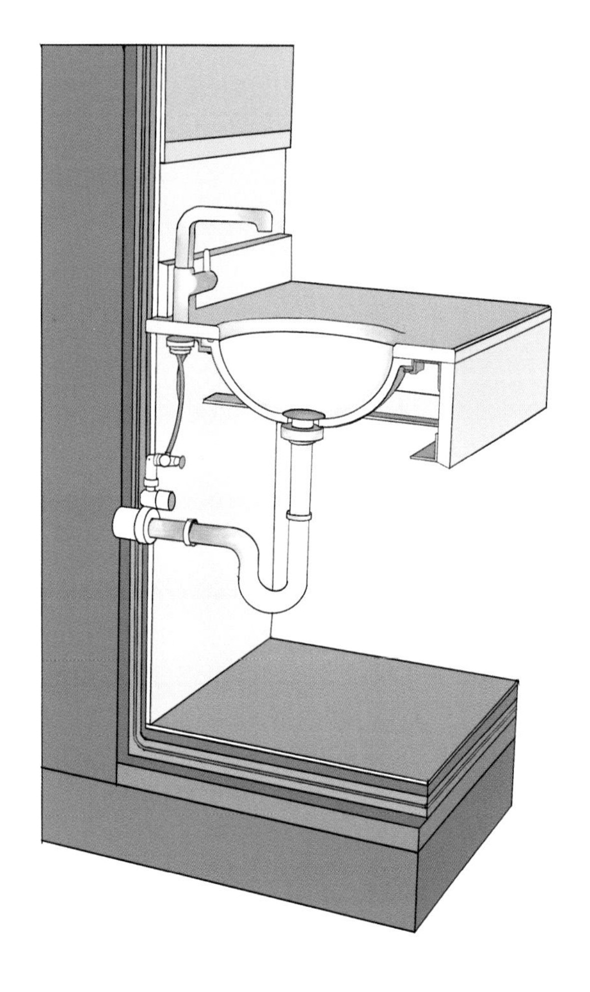

▲ 标准节点参考图（三维示意）

公布答案：

正确的"卫生间洗面台节点图"如下图所示，你画对了吗？
如果没画对，别灰心，建议多临摹几遍正确的图纸，让自己彻底掌握主流的卫生间洗面台节点图画法。

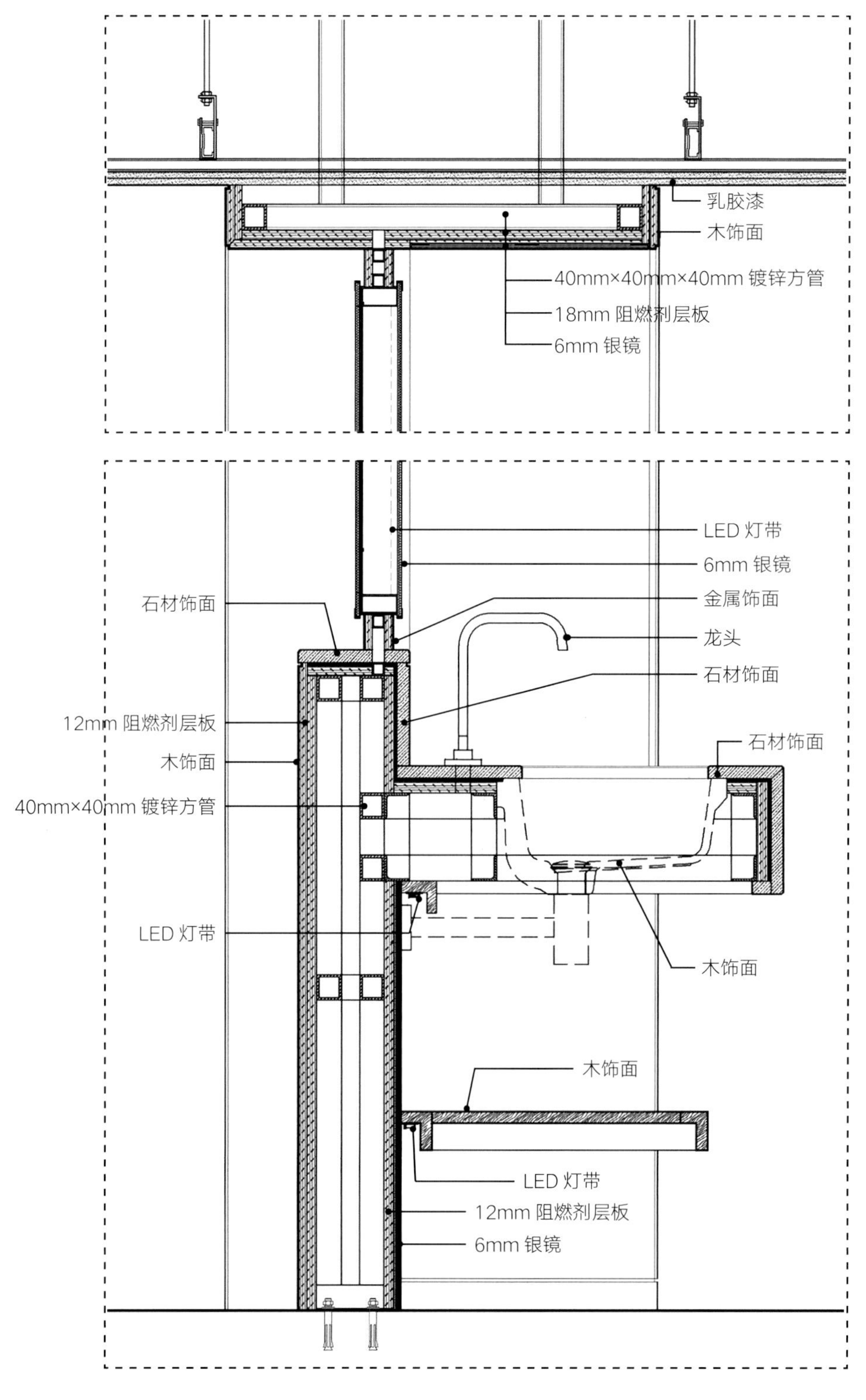

▲ 卫生间洗面台节点图

请跟着正确的节点图画细节。

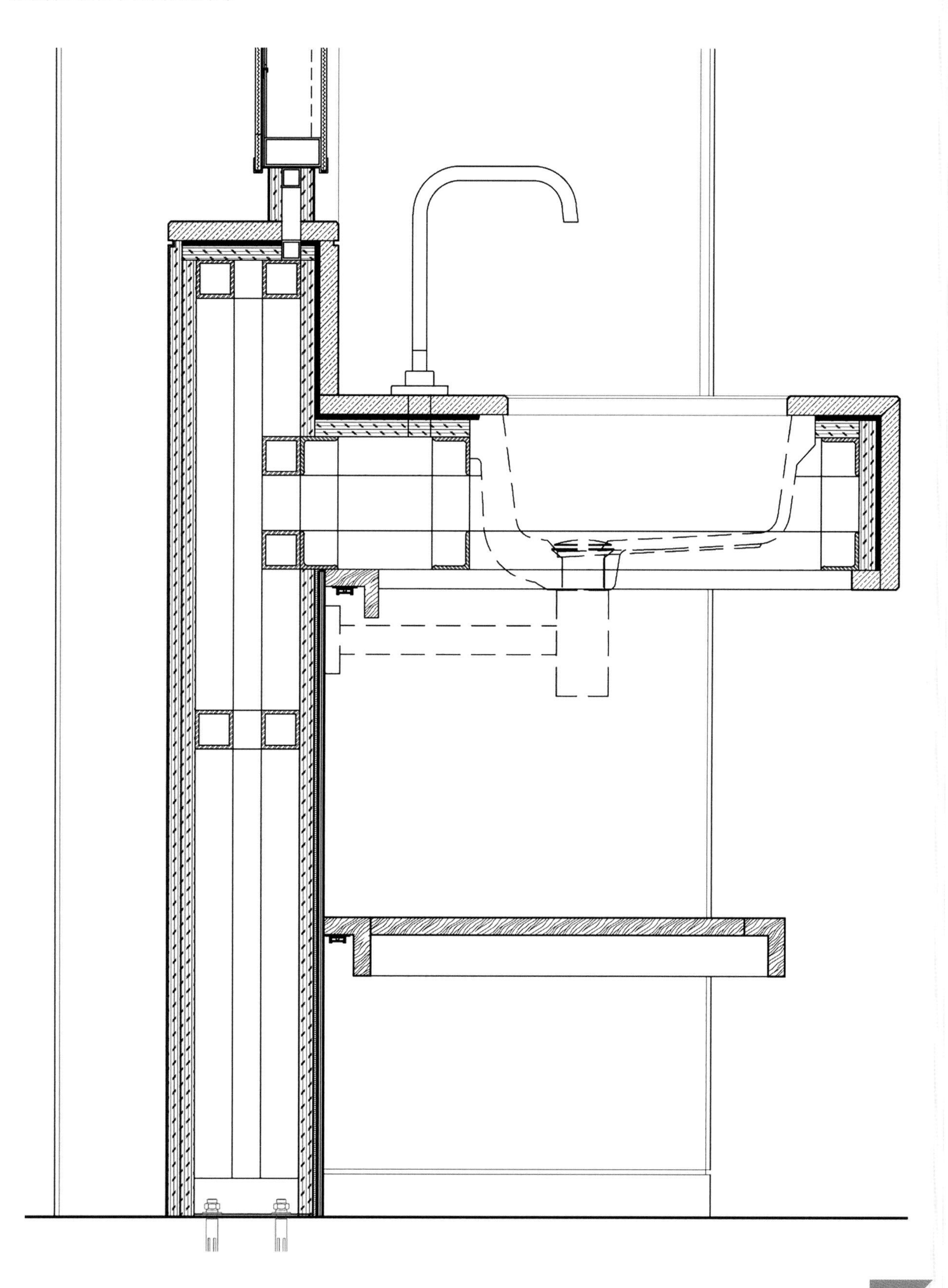

▲ 卫生间洗面台节点图重点部位二次抄绘

PROJECT 14

案例十四

暗藏推拉门节点图

看图中标号，尝试回答下列问题，并画出图上红色剖切处造型的节点图纸。

① 设计暗藏推拉门时应该注意什么？

② 斜面吊顶可采用什么样的构造完成？

③ 背景墙的木饰面为什么要横向分缝？

④ 室内与室外交接区域的处理应注意什么？

⑤ 斜面吊顶与墙面怎样收口更美观？

根据图片中的问答标号，查看正确答案。

1 设计暗藏推拉门时应该注意什么？

图中这种隐藏式推拉门的门扇厚度通常为 50mm，设计时，应根据空间层高及门扇的高度，重点考虑墙面完成面的厚度，并根据“骨肉皮”的关系，实际推算出完成面的尺寸。

很多设计案例采用暗推拉门时，都没有考虑后期的使用体验，没有预留推拉的抓手点，只是做成了一个大平板，导致拉出暗藏的推拉门时非常费力。而图中的做法则是预留了一个抓手点的造型，增强了暗藏推拉门的实用性。

2 斜面吊顶可采用什么样的构造完成？

弧形的斜面吊顶可以采用以阻燃板充当主龙骨的形式进行骨架的搭接，但图中的案例是笔直的斜顶，因此不能混为一谈。

这种笔直的斜面吊顶可以采用标准的轻钢龙骨吊顶的方式来完成，在设置吊杆长短时，把这个吊顶的主龙骨搭接成斜面。

3 背景墙的木饰面为什么要横向分缝？

从空间效果来看，竖向的分缝处理是一种典型的墙面处理手法，在一定程度上起到了划分立面和空间造型的作用。但是，在墙与吊顶交接处的横向分缝，看似是屋脊的横梁处理，该设计手法的目的是什么呢？

由于存在材料的运输和吊装等方面的问题，市面上的任何板材单边最长边长都不会大于 3m，因此，该案例中的横向分缝如果不在该位置，则必然会出现在 3m 的位置，所以考虑到美观，在下单排版时，就选择将缝隙留在与吊顶及墙面都有对应关系的黄金分割位置上，在确保美观和满足材料规格的情况下，保证了设计的效果，一举两得。

4 室内与室外交接区域的处理应注意什么？

对于这种室内外直接相连的空间装饰，地面构造应着重考虑防水问题。从图中可以看出，推拉门的门槛石处是室内与室外的过渡区，因此，在做基层处理时，必定要从门槛石区向室内逐步做防水处理，避免雨水从砂浆找平层渗入室内。

类似这种室内外相连的过渡区域，以室内一侧高于室外一侧为宜，且门槛石应向室外微微放坡，避免雨水流入室内。

5 斜面吊顶与墙面怎样收口更美观？

从构造做法的角度来看，只要是两个大平面之间的收口，无论是吊顶与墙面、墙面与地面，还是斜面与垂直面、曲面与大平面，都建议在收口处预留 5mm×5mm 或 10mm×10mm 的工艺缝回槽。这样做一是可以避免由于施工质量问题导致两个面的交接处出现缝隙，二是预留凹槽后会给人一种精致细腻的感觉。因此，在交接处预留工艺缝回槽的形式是最能体现细节，也最能减少施工质量问题的收口方式。

请根据“完成面信息图”给出的相关完成面信息，结合“标准节点参考图”，尝试自己动手画出案例十四剖切处的“暗藏推拉门节点图”。

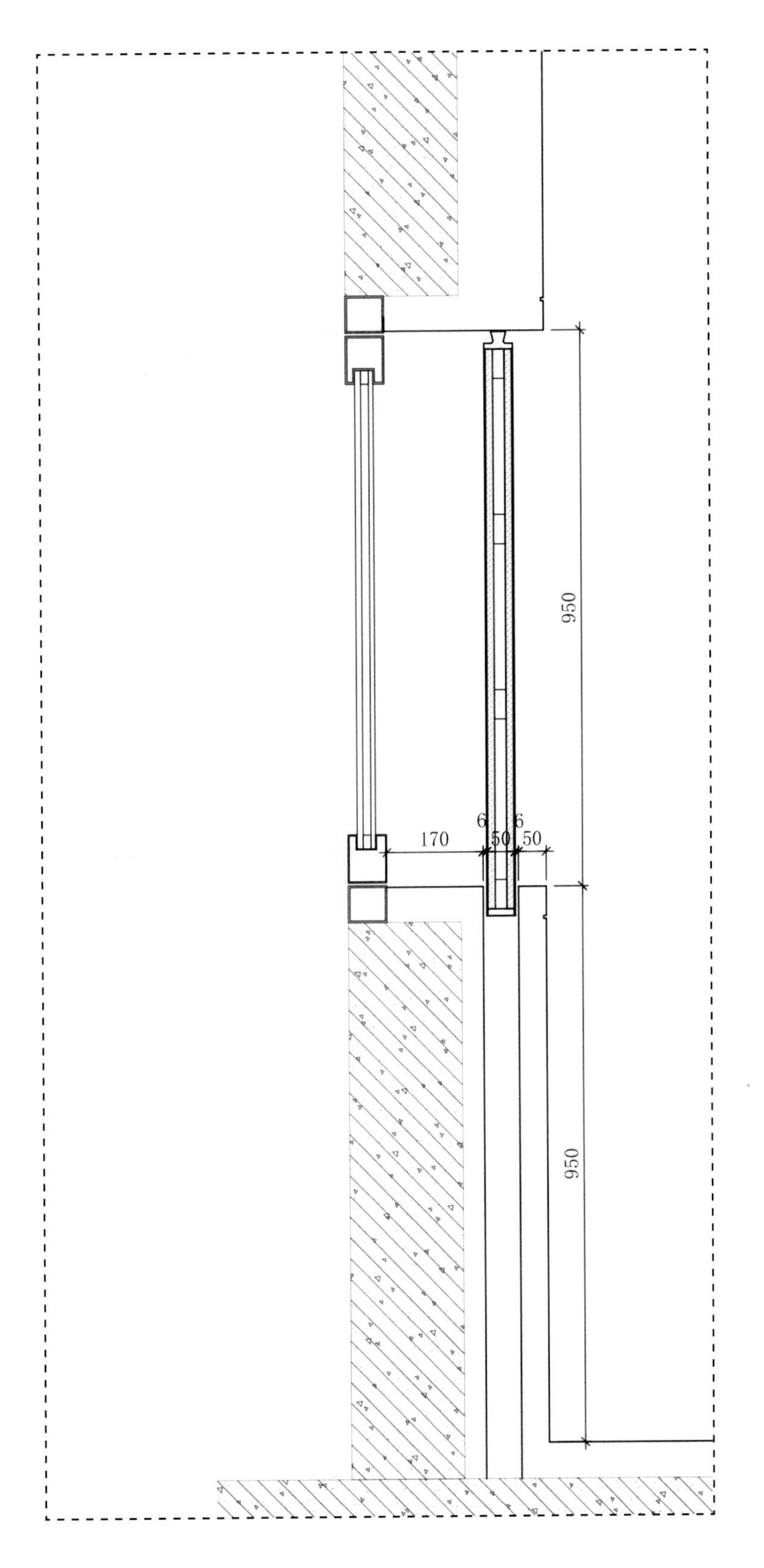

▲ 完成面信息图

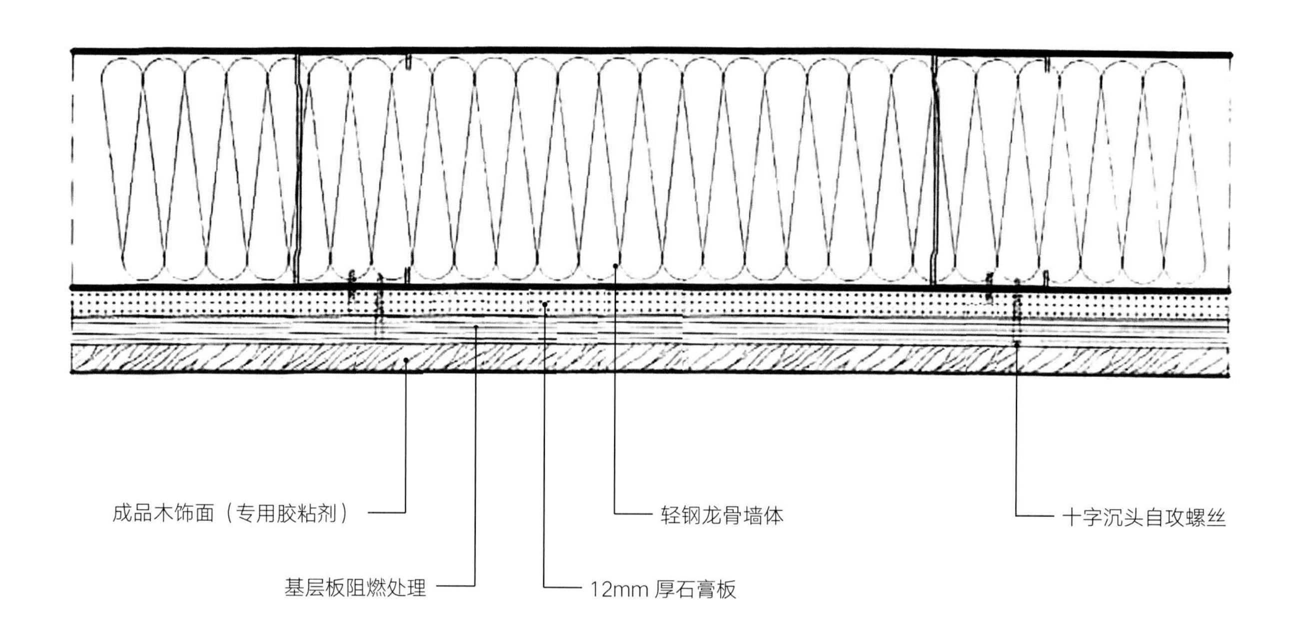

▲ 标准节点参考图

扫码查看视频，教你如何使用标准图集，解决节点问题，完成案例节点的绘制。

扫码之前，请先根据书中提供的卡片兑换《dop 工艺节点提升计划》第一季电子版观看权限。

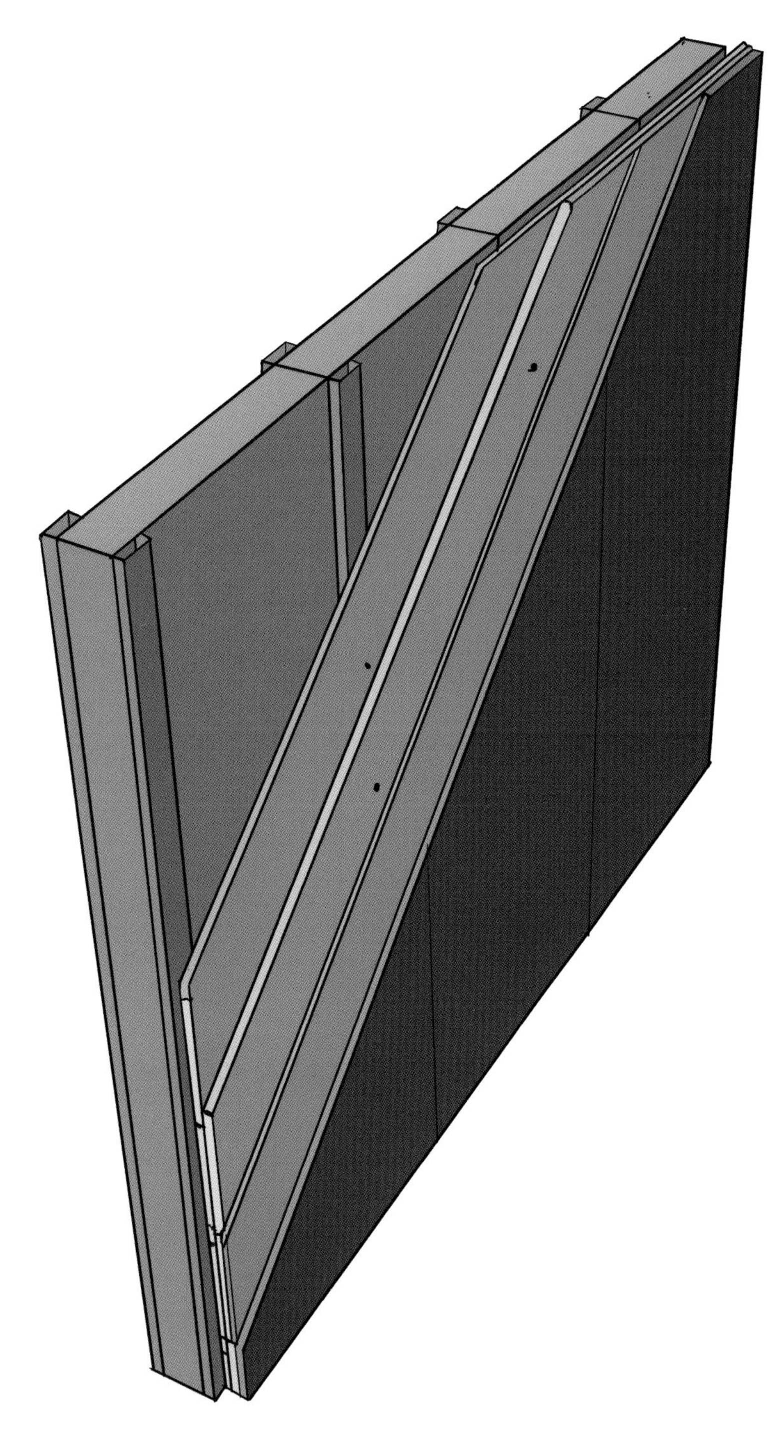

▲ 标准节点参考图（三维示意）

公布答案：

正确的“暗藏推拉门节点图”如下图所示，你画对了吗？
如果没画对，别灰心，建议多临摹几遍正确的图纸，让自己彻底掌握主流的暗藏推拉门节点图画法。

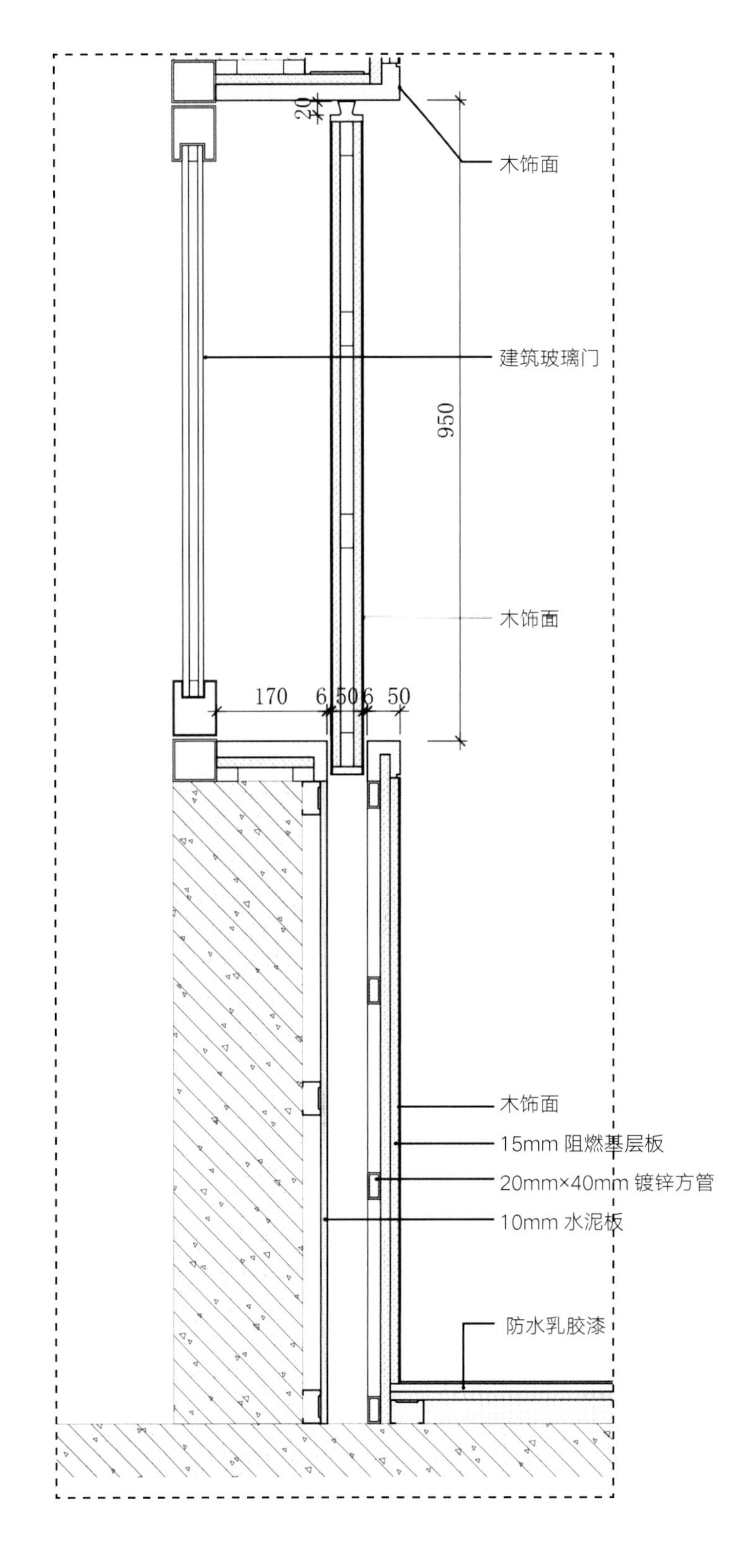

▲ 暗藏推拉门节点图

请跟着正确的节点图画细节。

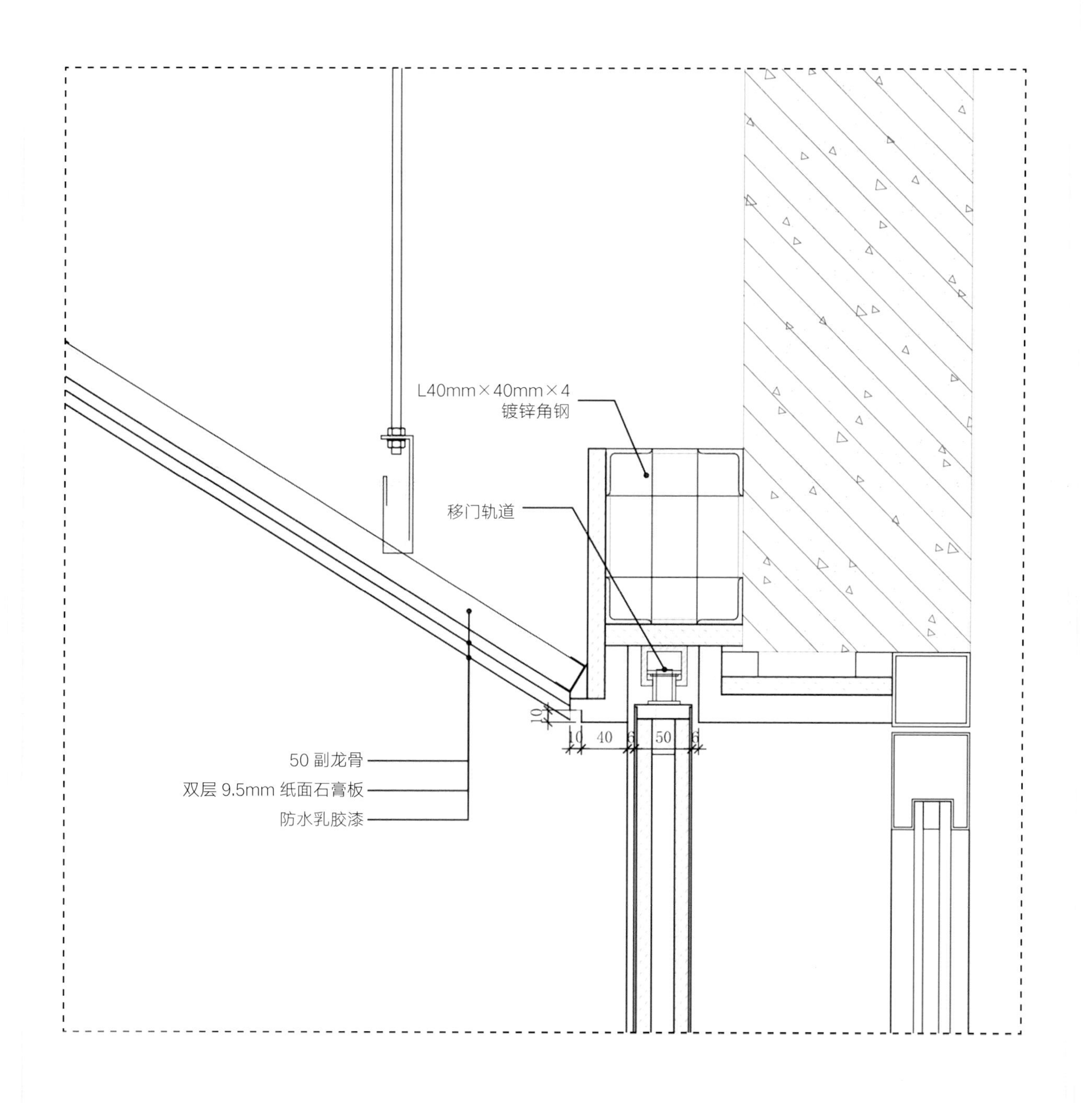

▲ 暗藏推拉门节点图重点部位二次抄绘

PROJECT 15

案例十五

石材金属折边服务台节点图

看图中标号，尝试回答下列问题，并画出图上红色剖切处造型的节点图纸。

① 图中的不锈钢构造与服务台之间是怎样固定的？

② 暗门的构造有哪些形式？

③ 地面的石材拼花是整块预制的还是现场拼接的？

④ 设计服务台时，需要注意什么？

根据图片中的问答标号，查看正确答案。

1 图中的不锈钢构造与服务台之间是怎样固定的？

从图中不锈钢与服务台的关系来看，想要实现这种构造，至少有两种做法：一是将侧边与服务台的基层钢架进行焊接，然后将服务台正面与不锈钢板粘贴起来。但采用这种做法，服务台正面的不锈钢板可能会不稳固，在后期使用过程中有可能出现塌陷。二是将整块不锈钢板与石材饰面的服务台进行点焊，预埋不锈钢的预埋件，然后做石材饰面，再焊接不锈钢板，最后对石材及不锈钢的交接处进行修补。这种做法与第一种胶粘的做法相比，整体会更稳固。

2 暗门的构造有哪些形式？

从效果图中可看出，图中的暗门属于石材暗门。从构造上来说，暗门和普通门唯一的区别就是暗门没有门套，直接与饰面收口。

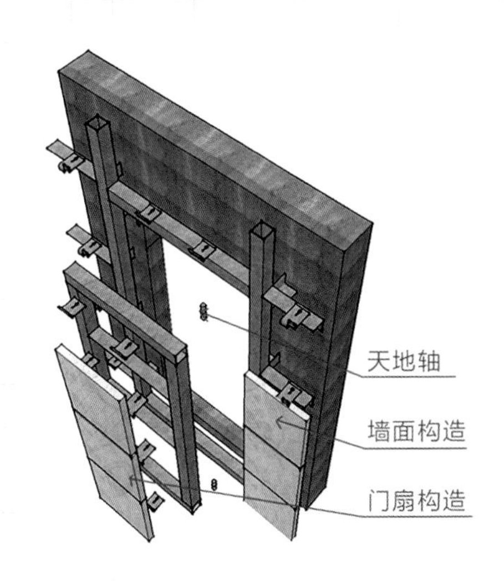

暗门的开合构件主要有天地轴、偏心轴、地弹簧、暗合页、二级合页等，具体构件的选配应根据门的重量、开启方向以及门的材质综合考虑。

通常情况下，图中这样的石材暗门的构造可以理解为与石材干挂相同，只是在石材干挂的门扇区域的钢架部分增加了天地轴。

3 地面的石材拼花是整块预制的还是现场拼接的？

很多人有这样的疑问：类似这种复杂的石材拼花，是不是工人在现场拼贴的？在做施工图时，应该怎样做排版图？

在项目中有一些较为简单的、有规律可循的石材铺贴方式，如45拼贴、工字拼贴、菱形拼贴等，可以在现场让工人放线，然后铺贴，这样有利于控制成本。但对图中案例或比该案例还要复杂的石材拼花形式来说，一般会采用以下两种处理方式：一是现场 1 : 1 放样，然后根据放样的尺寸在现场铺贴石材，这种做法人工费较高，而且只能针对一些纹样简单、有规律可循的石材拼花，如该图中这种拼花；二是直接通过厂家预制，然后在现场将预制好的拼花直接一块块铺贴上即可，这种方式适用于更加复杂的拼花，如欧式拼花。

这两种情况针对的是不同难度的石材纹样，在做法上并无优劣之分。

4 设计服务台时，需要注意什么？

服务台的设计除了要考虑元素造型、设计理念、尺寸规格、动线规划、视觉识别这些外在的硬指标之外，还要考虑一些容易被忽略的细节。

在办公空间、书店、咖啡厅等空间，是否需要在服务台总控该空间的电源系统？如需要，在服务台的立面上是否应该预留面板位？面板位预留多少？是否需要预留额外的电源等功能性配置的位置？这些问题都应该在深化设计时与相关配合单位确认。

另外，根据使用功能的不同，应考虑在什么情景下设置双层台面，在什么情况下设置单层台面。

请根据“完成面信息图”给出的相关完成面信息，结合“标准节点参考图”，尝试自己动手画出案例十五剖切处的“石材金属折边服务台节点图”。

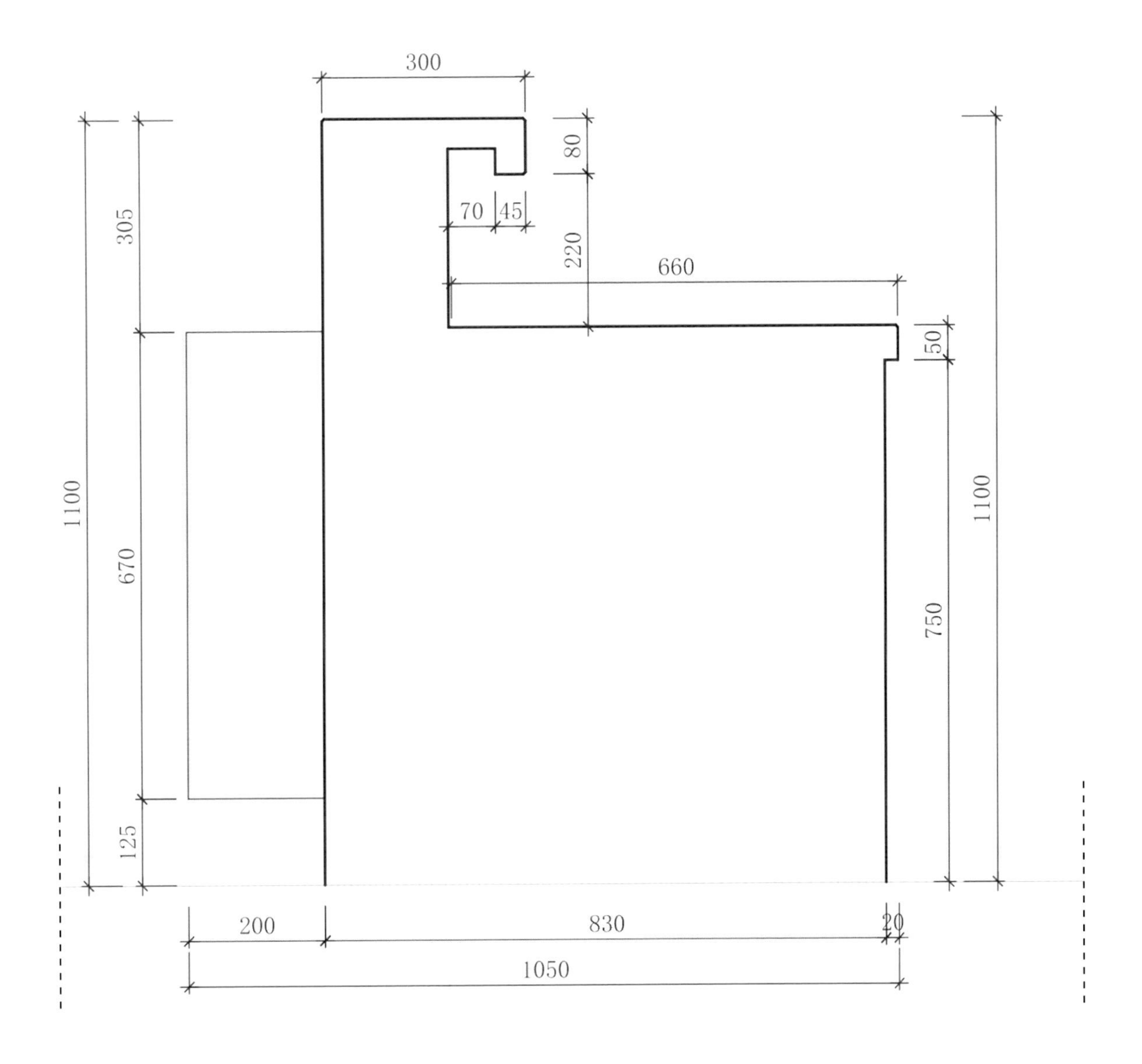

▲ 完成面信息图

扫码查看视频，教你如何使用标准图集，解决节点问题，完成案例节点的绘制。

扫码之前，请先根据书中提供的卡片兑换《dop 工艺节点提升计划》第一季电子版观看权限。

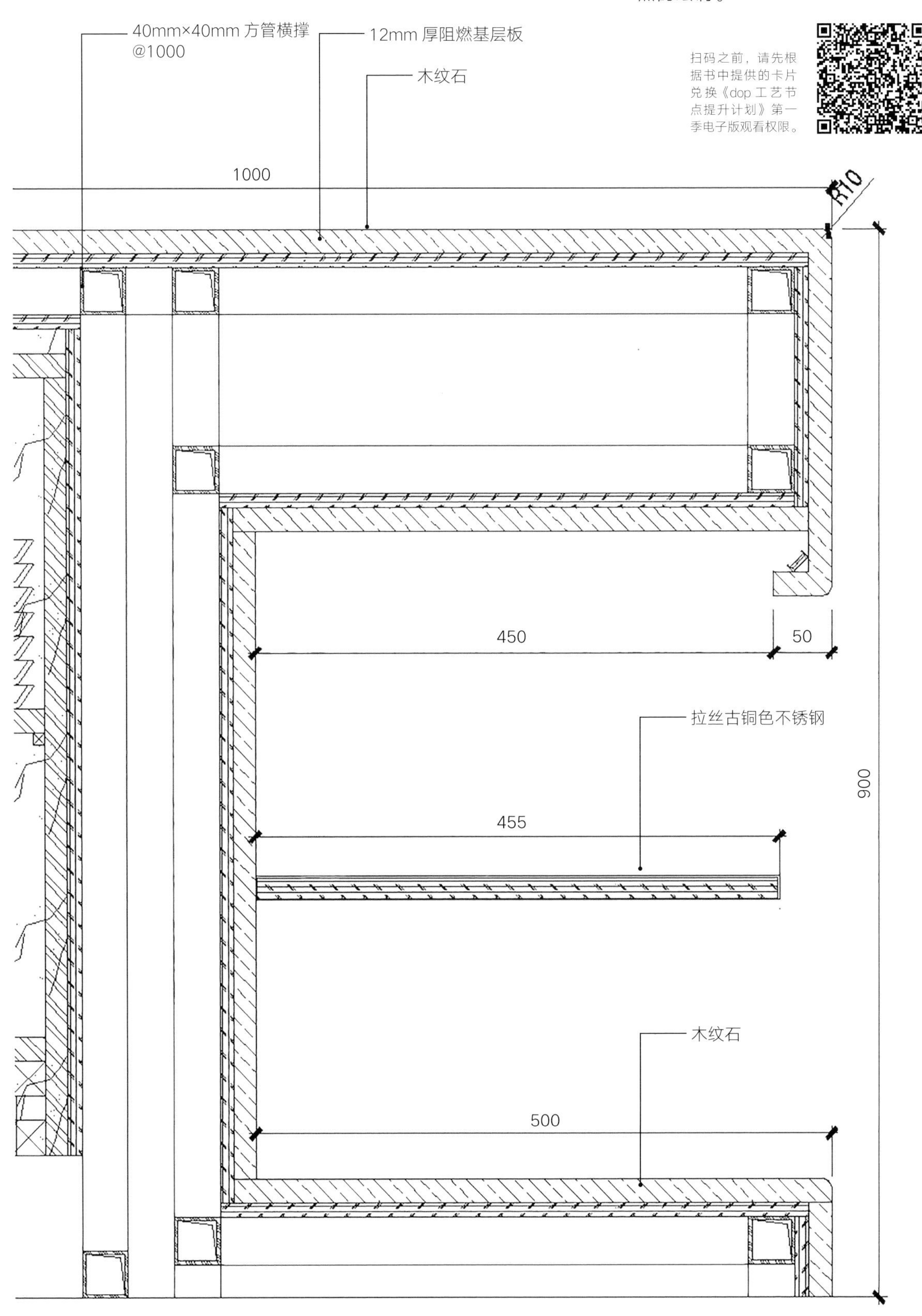

▲ 标准节点参考图

公布答案：

正确的"石材金属折边服务台节点图"如下图所示，你画对了吗？
如果没画对，别灰心，建议多临摹几遍正确的图纸，让自己彻底掌握主流的石材金属折边服务台节点图画法。

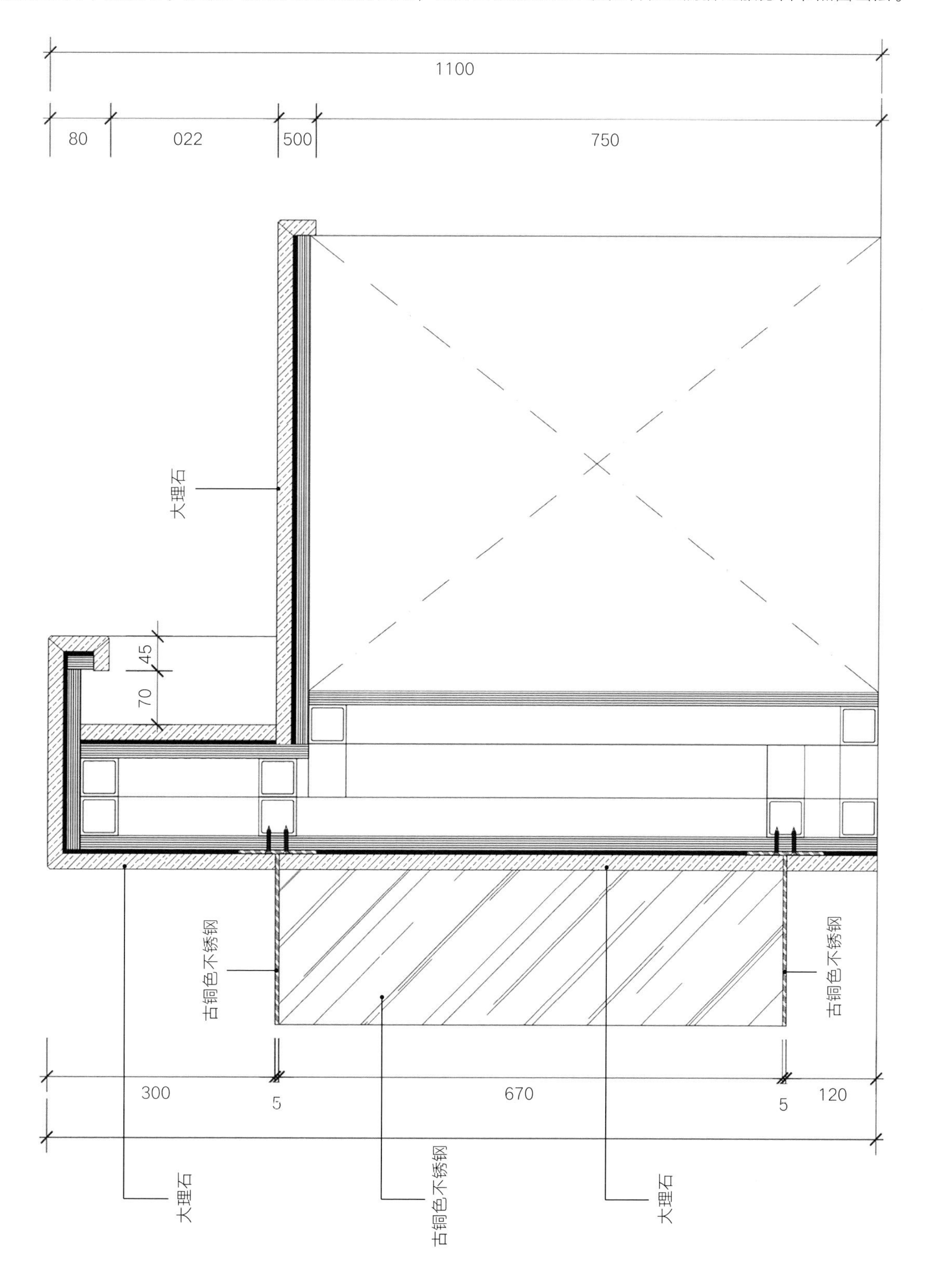

▲ 暗藏推拉门节点图

PROJECT 16

案例十六

透光不透明隔断节点图

看图中标号，尝试回答下列问题，并画出图上红色剖切处造型的节点图纸。

① 设计水景地台时应注意什么？

② 设计地台时需要注意什么？

③ 该隔断的形式可以通过什么材质实现？

④ 该隔断的固定方式是什么？

根据图片中的问答标号，查看正确答案。

1 设计水景地台时应注意什么？

●与相关配合单位协调给排水点位的预留，以及是否需要增加抽水泵。

●核查水池的设置区域是否属于框架结构建筑的中间区域，若在中间区域，则不建议增加水池。若水池下方有梁位，则须检查梁位与给排水点位是否冲突。

●设置水景地台，在构造做法中必然会涉及防水处理。

●排水点位确定后，须在地面铺装图中标明地面材料的放坡斜度以及放坡方向。

2 设计地台时需要注意什么？

除水景地台外，整个休息区的地面都采用了地台的形式处理。这种地台常见的构造做法主要有两种：一是直接浇筑细石混凝土加高；二是做钢架基层，然后封上水泥板，最后贴饰面层。

具体选择哪种形式搭建地台主要取决于地台的高度。如果地台过高，考虑到楼板的承重情况，不能直接浇筑混凝土，可采用钢架搭接的形式完成；如果地台高度不高，且抬高面积不大，则可以通过浇筑细石混凝土来完成该地台的搭建。浇筑混凝土时，如果设计师没有绝对把握，则须请结构设计师进行结构核算。

关于室内做的这种一阶踏步的台阶，相关规范上有两条建议：公共建筑室内台阶的踏步宽度不宜小于 300mm，踏步高度不大于 150mm、不小于 100mm；室内若设有台阶，台阶处的踏步数不应小于 2 级，当高差不足 2 级时，应设置坡道。也就是说，在国内的公共空间室内项目中，根据相关规范，是不建议设置这种只有一级踏步的台阶的。

3 该隔断的形式可以通过什么材质实现？

设计师首先应该想到的是可以通过热弯玻璃、夹丝玻璃等材料实现这样的效果。如果抛开特制的玻璃材质，想要达到这样的效果，还可以使用亚克力管、玻璃管等管材进行组合。

4 该隔断的固定方式是什么？

无论采用亚克力管还是热弯玻璃，其固定形式都是一样的，都需要在上下预埋玻璃凹槽，然后通过橡胶垫将玻璃（或亚克力管）与钢制的凹槽软连接，同时，要在玻璃与钢制凹槽的连接处预留 5mm 的伸缩缝，保证材料在热胀冷缩时不会挤爆玻璃。与之前提到的玻璃栏河栏杆不同的是，这种“顶天立地”的玻璃隔断在埋入地面的深度上没有太多要求，因为它上下都有凹槽固定，所以，理论上这种隔断只需埋入完成面 10mm ~ 30mm 就足以保证玻璃的安全性了。

请根据“完成面信息图”给出的相关完成面信息，结合“标准节点参考图”，尝试自己动手画出案例十六剖切处的“透光不透明隔断节点图”。

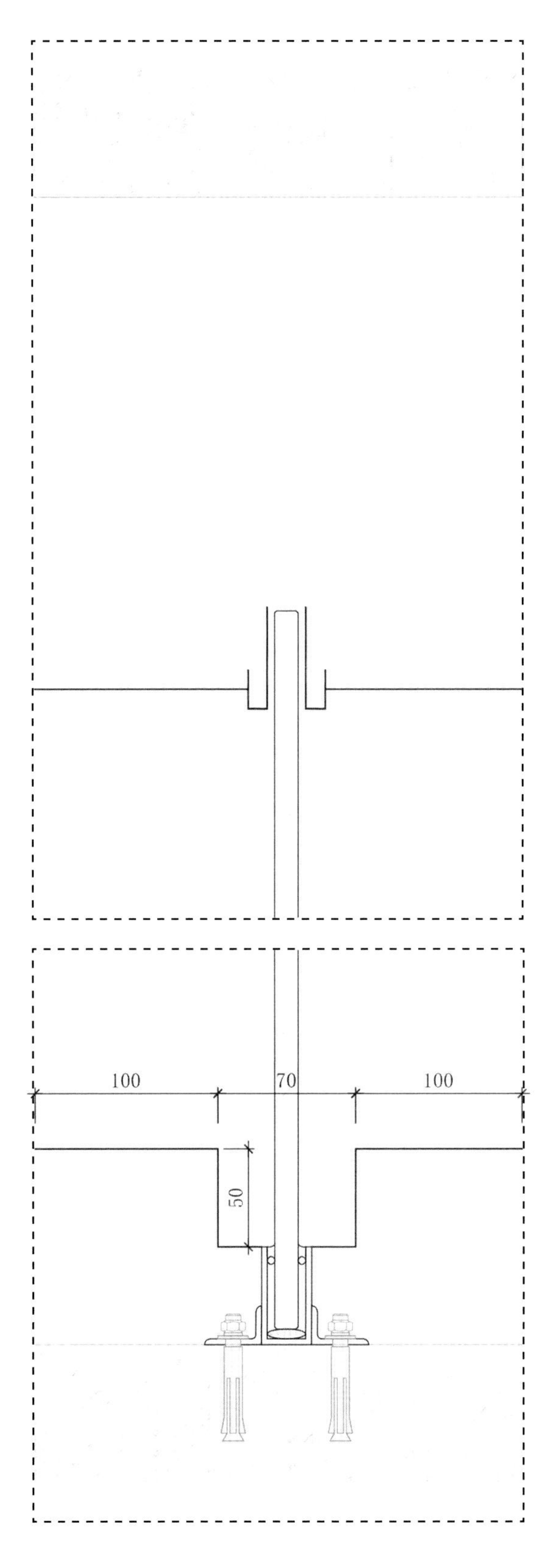

▲ 完成面信息图

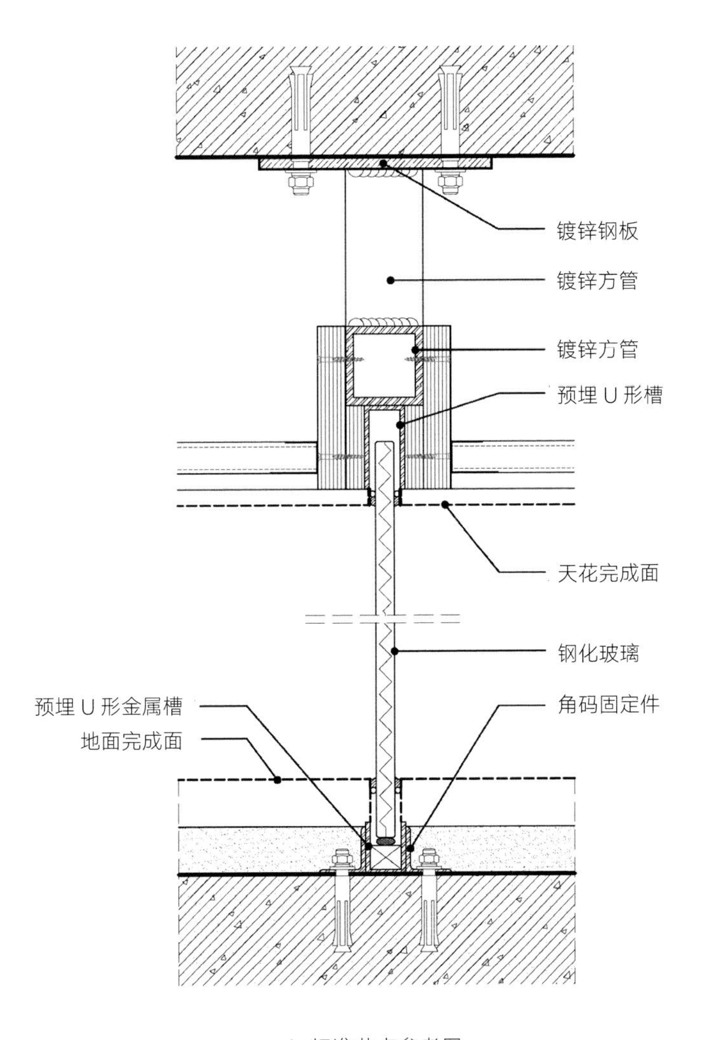

▲ 标准节点参考图

扫码查看视频，教你如何使用标准图集，解决节点问题，完成案例节点的绘制。

扫码之前，请先根据书中提供的卡片兑换《dop 工艺节点提升计划》第一季电子版观看权限。

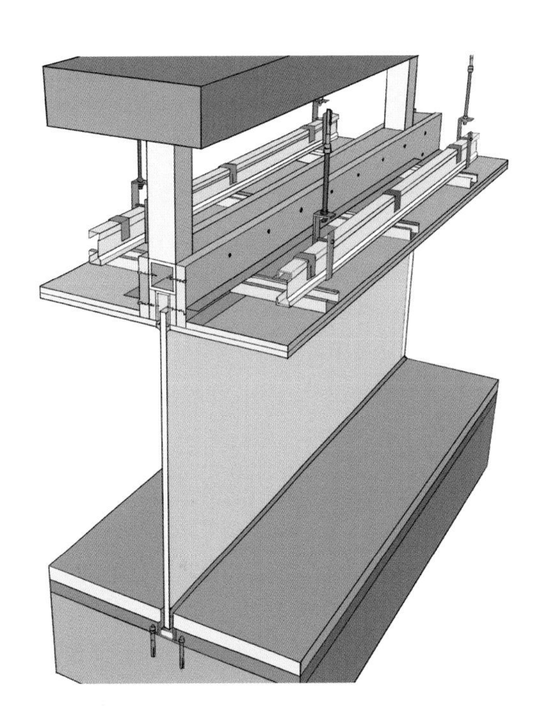

▲ 标准节点参考图（三维示意）

公布答案：

正确的“透光不透明隔断节点图”如下图所示，你画对了吗？
如果没画对，别灰心，建议多临摹几遍正确的图纸，让自己彻底掌握主流的透光不透明隔断节点图画法。

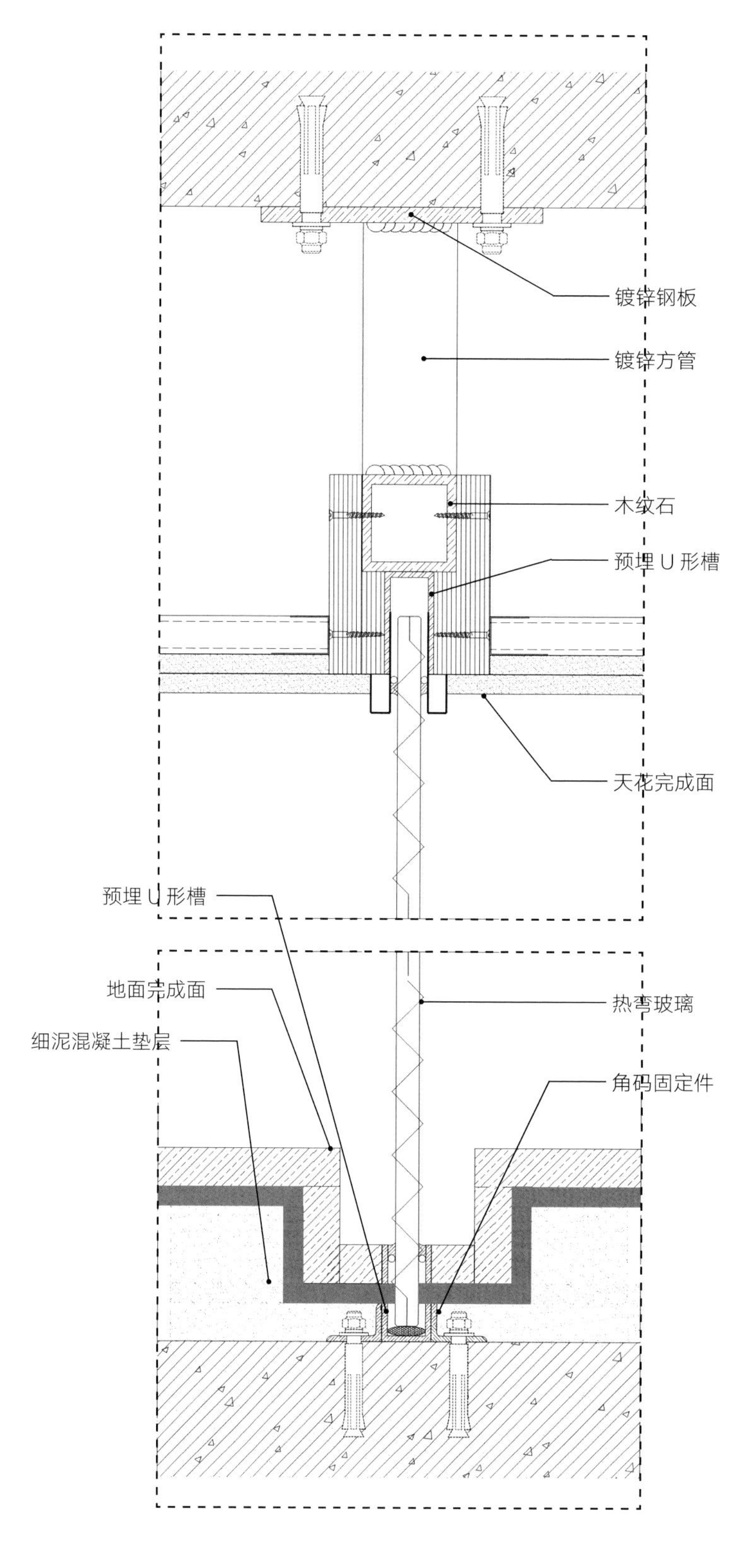

▲ 透光不透明隔断节点图

请跟着正确的节点图画细节。

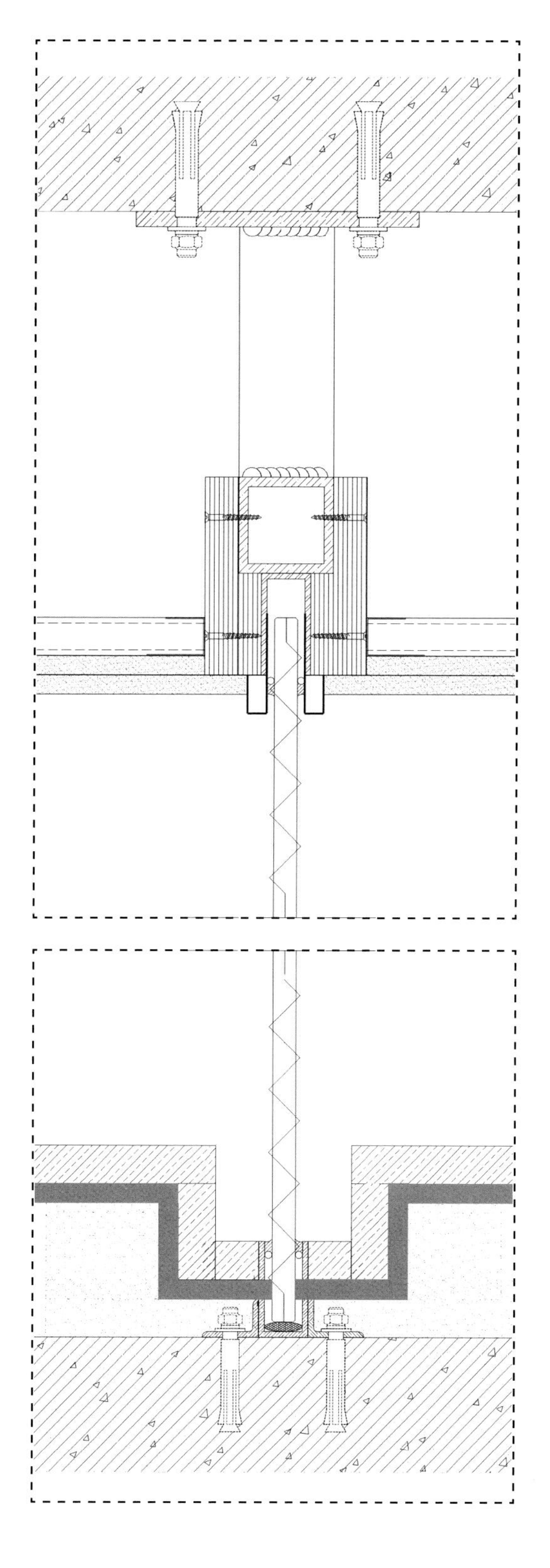

▲ 透光不透明节点图重点部位二次抄绘

PROJECT 17

案例十七

金属电梯门套节点图

看图中标号，尝试回答下列问题，并画出图上红色剖切处造型的节点图纸。

① 电梯门的尺寸在相关规范中有要求吗？

② 电梯门套与装饰门套有什么不同？

③ 墙面木饰面用胶粘好还是干挂好？

④ 关于电梯轿厢的装饰，设计师需要了解什么？

根据图片中的问答标号，查看正确答案。

1 电梯门的尺寸在相关规范中有要求吗？

电梯门规格的确定分为两种情况：一是根据建筑设计中做电梯井时预留的原电梯门洞的大小，而原电梯门洞的大小是根据电梯载重标准来计算的；二是根据做完室内装修后，最终呈现的门洞大小。

在相关规范中，对建筑内的电梯数量、各电梯载重、电梯的规格以及电梯门洞的大小都有规定，且非常详细。室内设计师只要记住下面几个常见的电梯门完成面宽度即可：载重为 800kg ~ 1000kg（不含 1000kg）的电梯标准开门净尺寸为 800mm × 2100mm；载重为 1000kg 的电梯标准开门净尺寸为 900mm × 2100mm；载重为 1100kg ~ 1600kg 的电梯标准开门净尺寸为 1100mm × 2100mm。

2 电梯门套与装饰门套有什么不同？

电梯门套由两部分构成：一部分是电梯构造自身的钢门套，也是俗称的小门套；另一部分是由装饰材料做的装饰门套，也就是大多数设计师认为的电梯门套。

从材质上看，电梯自身的门套一般是钢框，而装饰门套可以是各种各样的材质；从位置关系上看，电梯自身门套靠近室内空间，而装饰门套靠近电梯井；从功能上看，装饰门套可以满足室内空间的美观性，而电梯自身门套则是为了满足楼梯层门的功能性而存在的。

为了保证电梯门套的美观性，通常要采用装饰门套包裹电梯自身门套的构造做法对电梯门套进行包边处理，因此，在已经完工的项目中，我们是看不见电梯自身门套的。

电梯自身门套和装饰门套的设计图由建筑单位和装饰单位分别绘制，因此，在绘制与电梯相关的节点时，应查阅相对应的土建图纸，看土建的门洞与装饰的门洞是否能对应，然后再进行下一步。

3 墙面木饰面用胶粘好还是干挂好？

无论采用胶粘还是干挂，木饰面都是牢固、安全的。所以，固定方式本身不是问题，真正的问题是在什么情况下采用胶粘，在什么情况下采用干挂。

通常，在使用的木饰面面积不大、建筑层高不高、造型相对单一与简单时，最好采用常规的玻璃胶或结构胶进行胶粘。如果木饰面的面积大、层高较高，且造型比较复杂，则最好采用干挂的形式。

4 关于电梯轿厢的装饰，设计师需要了解什么？

设计师可以把电梯轿厢理解成一个“钢盒子”，所有装饰饰面都通过钢材的基体与电梯轿厢连接，其他构造做法与其他饰面相比并没有任何区别。

电梯轿厢顶部需要预留通风口以及逃生口，通风口的面积需大于轿厢面积的 1%，逃生口的尺寸要保证大于 350mm × 500mm。国家标准规定，轿厢距离地面 1100mm 以下的区域如果使用玻璃，则应在距离地面 900mm ~ 1100mm 的位置设置一个扶手，该扶手须单独设立，不应与玻璃发生接触。同时，电梯轿厢内的正面和侧面应设置 800mm ~ 850mm 的电梯扶手。

请根据“完成面信息图”给出的相关完成面信息，结合“标准节点参考图”，尝试自己动手画出案例十七剖切处的“金属电梯门套节点图”。

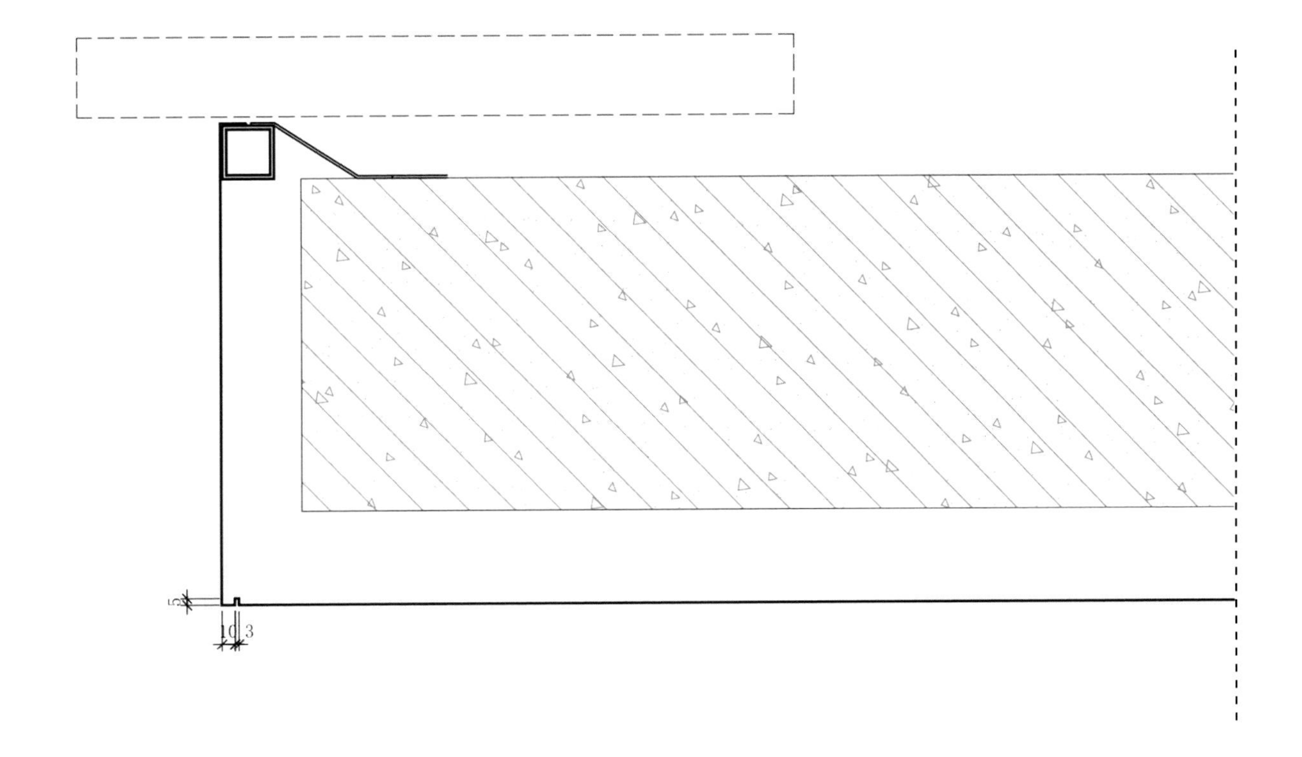

▲ 完成面信息图

扫码查看视频，教你如何使用标准图集，解决节点问题，完成案例节点的绘制。

扫码之前，请先根据书中提供的卡片兑换《dop 工艺节点提升计划》第一季电子版观看权限。

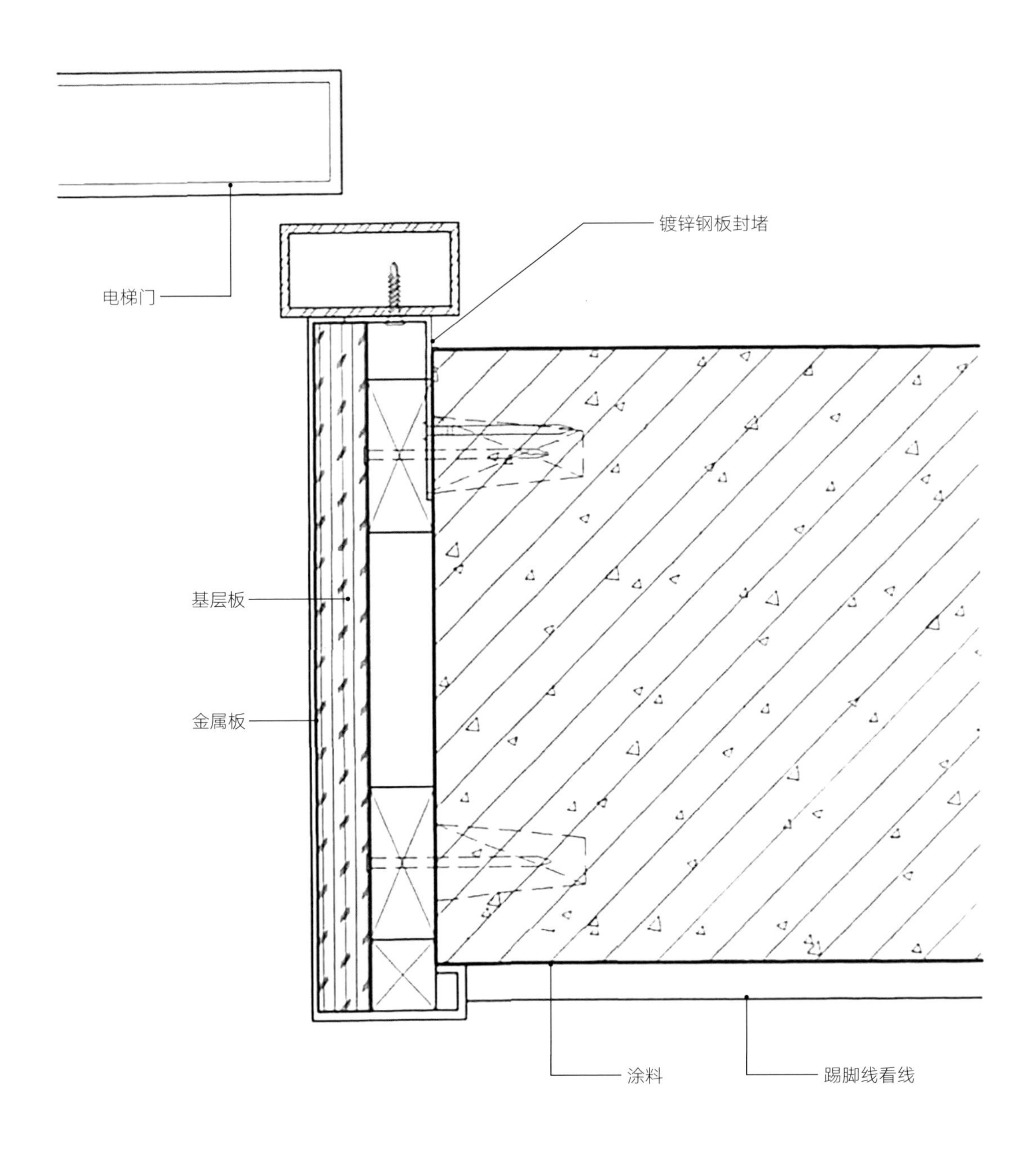

▲ 标准节点参考图

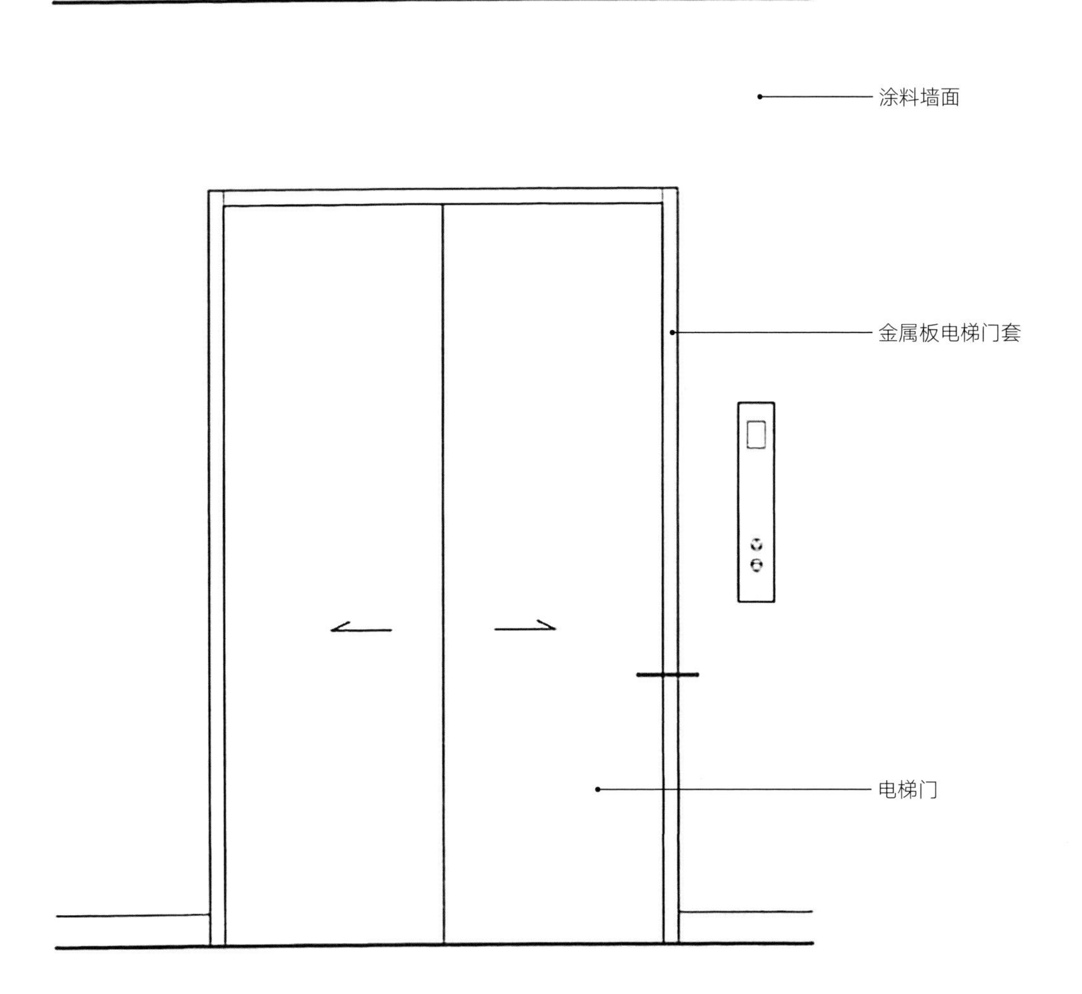

▲ 标准节点参考图

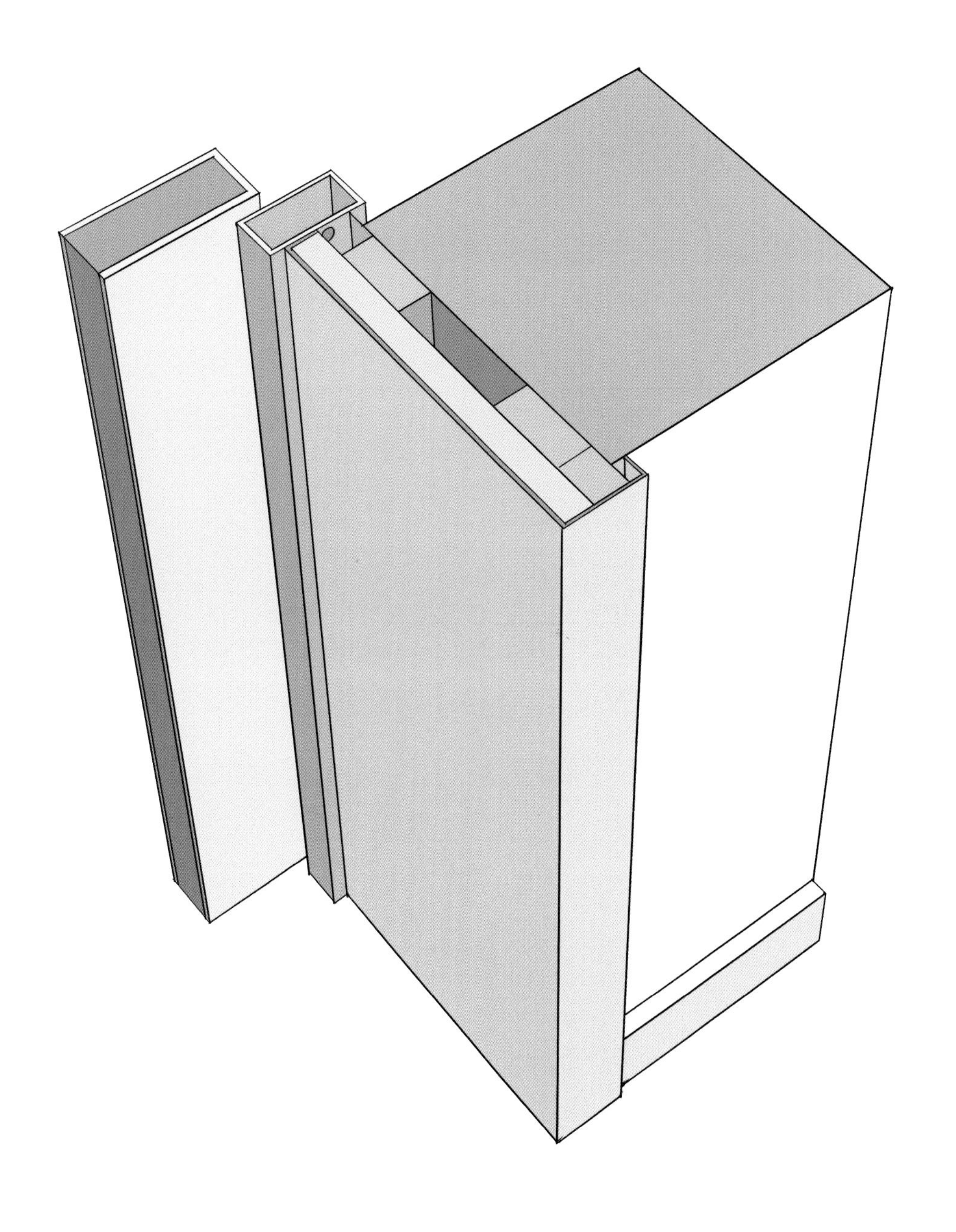

▲ 标准节点参考图（三维示意）

公布答案：

正确的“金属电梯门套节点图”如下图所示，你画对了吗？
如果没画对，别灰心，建议多临摹几遍正确的图纸，让自己彻底掌握主流的金属电梯门套节点图画法。

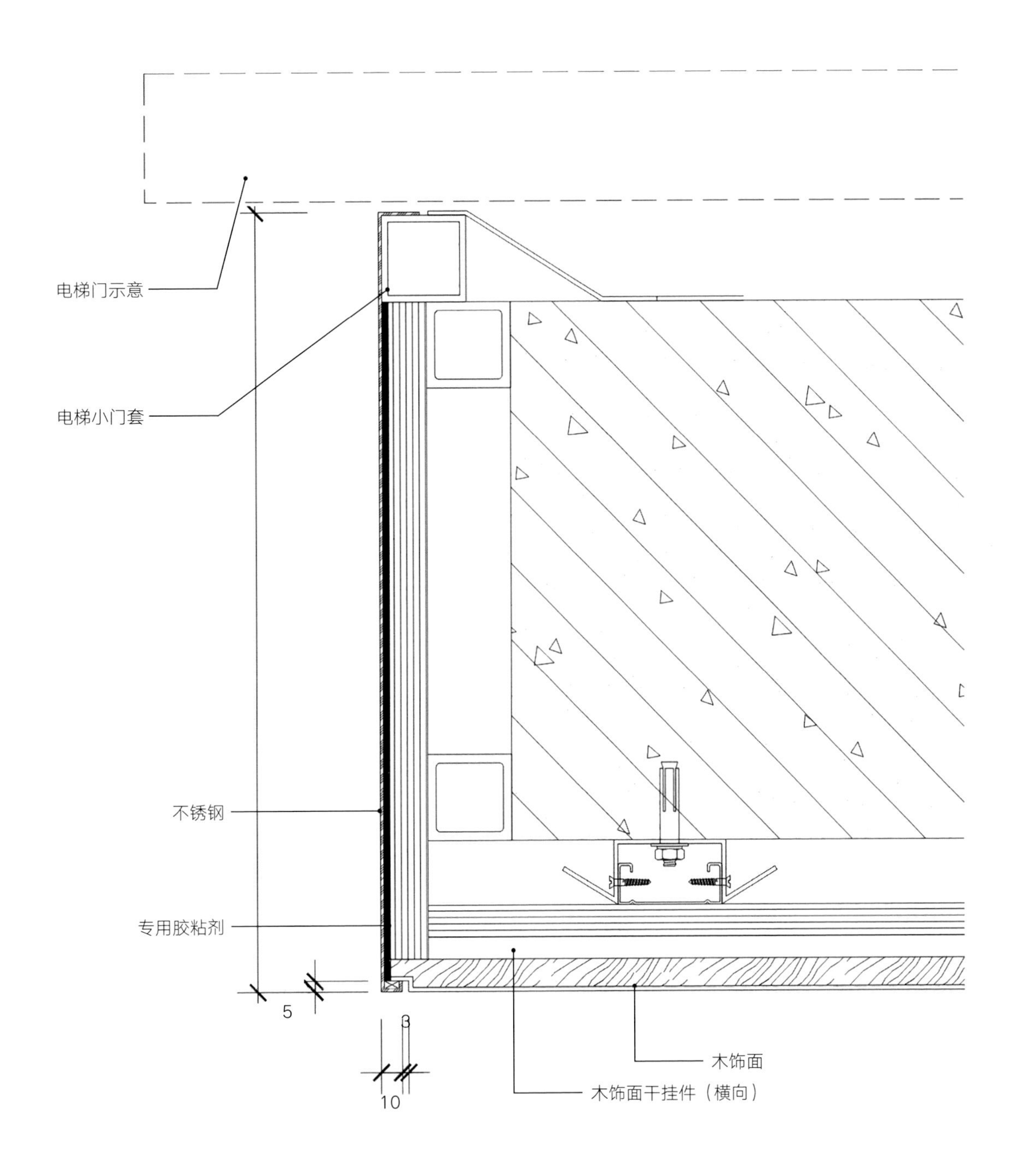

▲ 金属电梯门套节点图

PROJECT 18

案例十八

酒店客房背景墙构造节点图

看图中标号，尝试回答下列问题，并画出图上红色剖切处造型的节点图纸。

① 从构造的角度看效果图，应该注意什么？

② 如果客房铺设地暖，对地板有什么要求？

③ 木质踢脚线有几种处理形式？

根据图片中的问答标号，查看正确答案。

1 从设计落地的角度来看效果图，应该注意什么？

图中案例是典型的方案效果图，从设计落地的角度观察和分析这类图时，和实景照片不一样，因为效果图中的方案会为了保证某些设计效果及设计理念而抛开构造的合理性，在一些造型的处理上，直接在图上做后期处理，造成效果图上的方案不能落地。

这样做本身是无可厚非的，因为前期只有这样天马行空地发挥想象力，才能得到好的创意空间。但是，如果想高度还原设计方案的效果，在绘制施工图时，就必须对效果图中不合理的地方提出质疑。例如，图中的床头背景墙由下向上打出的灯光效果看起来有些奇怪，根据灯带与背景扪布的位置关系可以判定，如果按照该图中完成面的造型关系是没有办法安装灯带的，也就是说，这个效果图的床头灯光效果是不能通过这样的完成面实现的。所以施工时，要么改灯光效果，要么改背景墙的造型。

通过这个例子可以看出，通过看效果图学习节点构造做法的时候，应该抱着一种批判的思维，尽可能地寻找图中不合理的地方，让设计方案能顺利地落地。

2 如果客房铺设地暖，对地板有什么要求？

无论酒店客房还是家居空间，只要涉及需要在地暖层上做木地板的饰面，都要注意一个问题：纯实木地板不适合用在有地暖的空间，因为纯实木地板没经过完全加工，里面含有水分，长时间加热会出现变形和开裂的情况。

适合用在地暖上做饰面的木地板主要有实木复合地板、强化地板、软木地板。但是，这三种地板都是经过后期完全加工的地板，里面必然含有甲醛，当地板受热时，甲醛会散发出来。所以，很多关于环保以及养生的报告认为，在室内有地暖的密闭空间最好不要铺贴木地板。

但如果想要木地板的效果应该怎么办呢？最好的解决方案是采用木纹砖代替木地板。因为瓷砖本身很适合用在地暖上，同时，木纹砖又具有木地板的纹样，所以，目前国内很多带有地暖的空间都会采用木纹砖代替木地板。

3 木质踢脚线有几种处理形式？

无论什么材质的踢脚线，其作用都只有两个：一是让墙面与地面的收口更美观；二是保护墙面材质，以免被行人踢到。所以，踢脚线的高度一般在 100mm ~ 200mm。

踢脚线有三种形式：一是凸出墙面的踢脚线，适用于传统的欧式、中式风格的空间；二是凹进墙面的踢脚线，适用于现代主义、极简风格的空间；三是与墙面齐平的踢脚线，如此案例所示。

所有踢脚线都离不开这三种处理形式，在这三种形式的基础上理解踢脚线与墙面基层构造的关系，思路会更清晰。

请根据“完成面信息图”给出的相关完成面信息，结合“标准节点参考图”，尝试自己动手画出案例十八剖切处的“酒店客房背景墙构造节点图”。

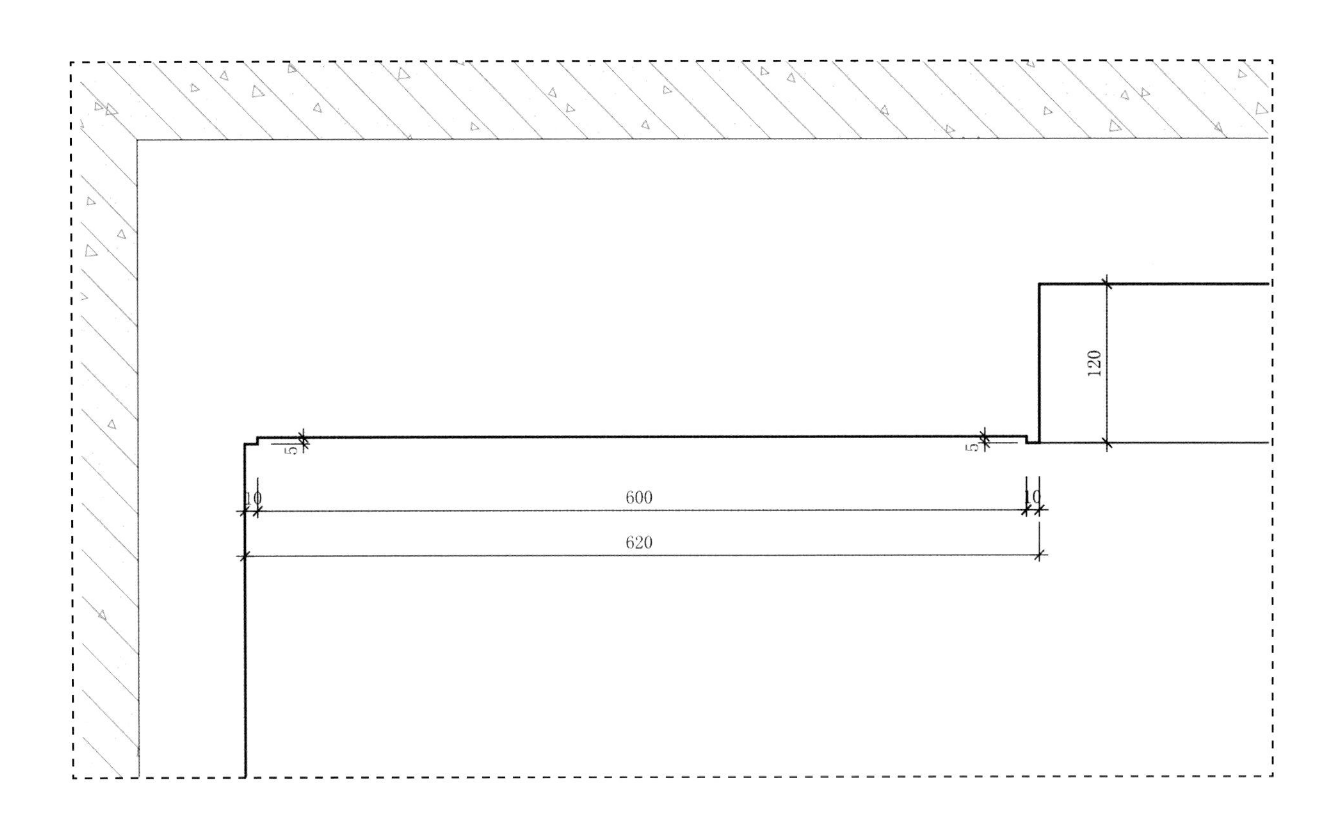

▲ 完成面信息图

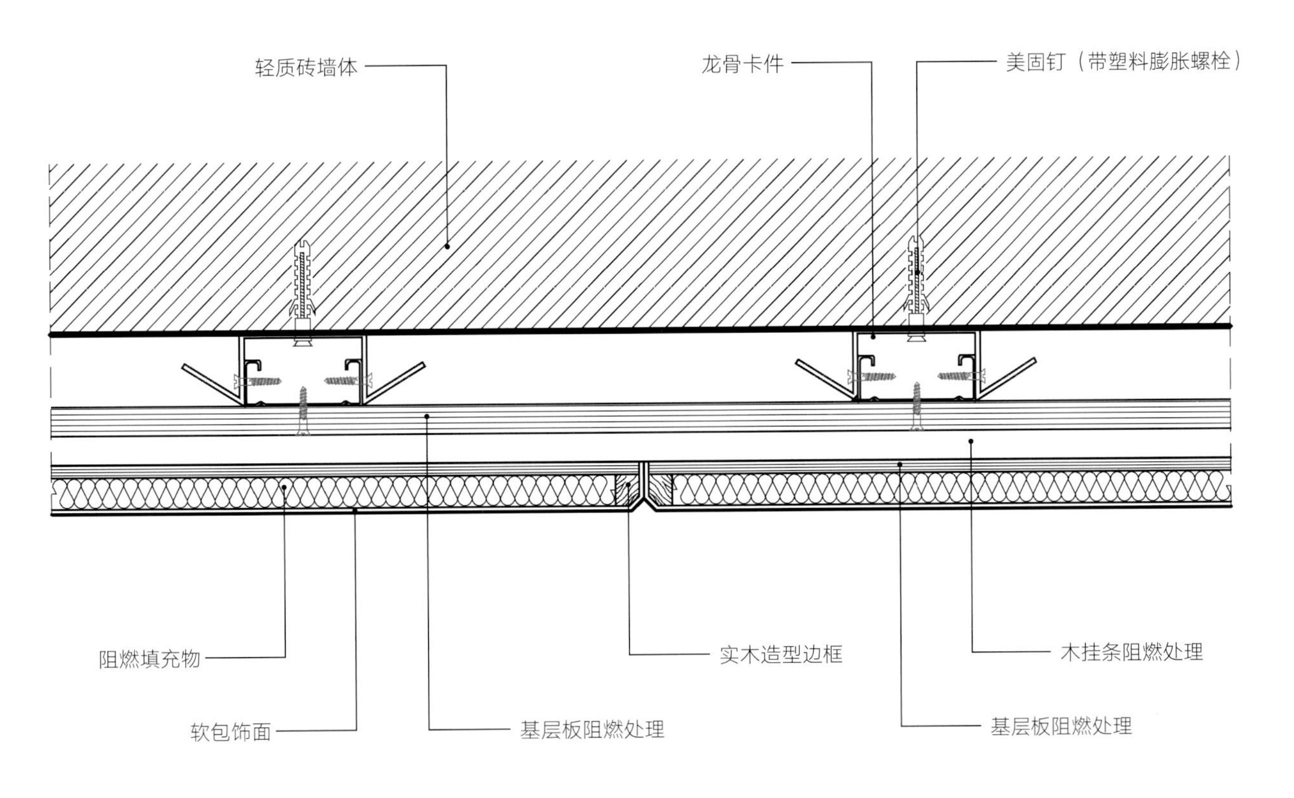

▲ 标准节点参考图

扫码查看视频，教你如何使用标准图集，解决节点问题，完成案例节点的绘制。

扫码之前，请先根据书中提供的卡片兑换《dop 工艺节点提升计划》第一季电子版观看权限。

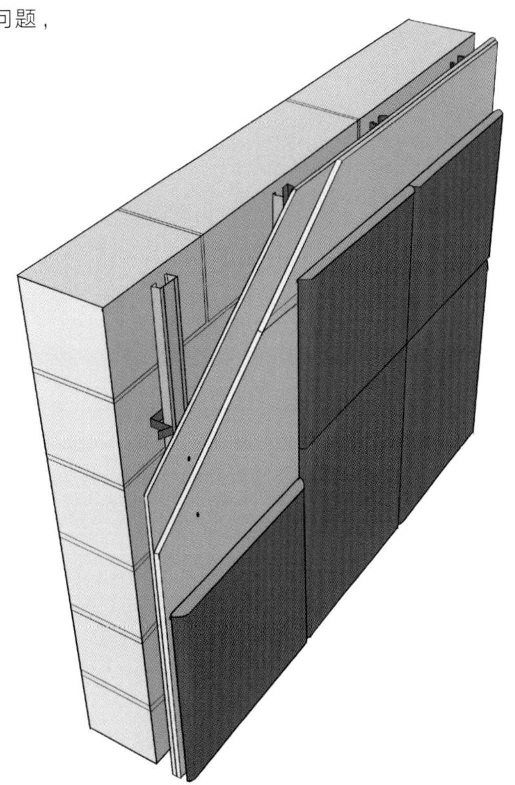

▲ 标准节点参考图（三维示意）

公布答案：

正确的“酒店客房背景墙构造节点图”如下图所示，你画对了吗？
如果没画对，别灰心，建议多临摹几遍正确的图纸，让自己彻底掌握主流的酒店客房背景墙构造节点图画法。

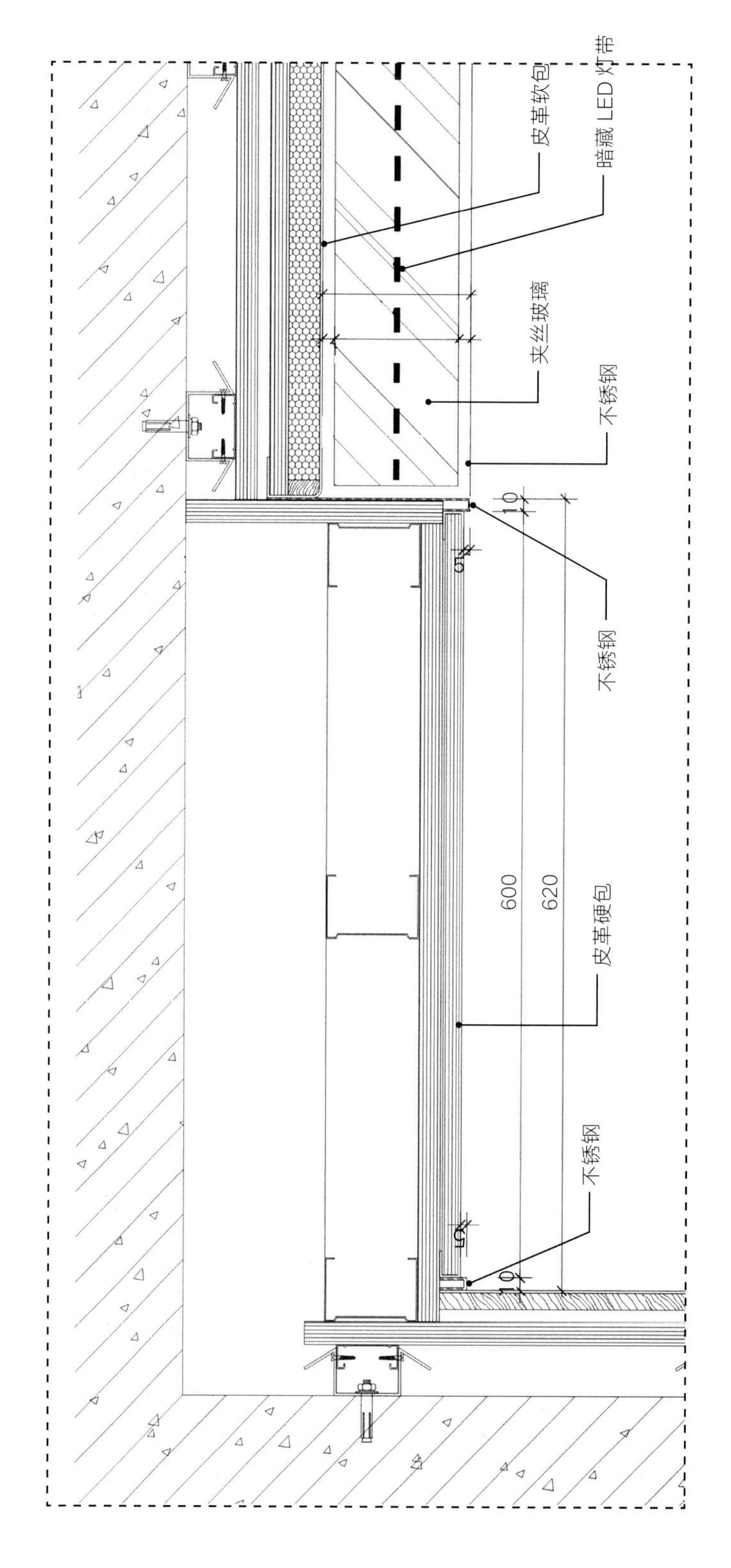

▲ 酒店客房背景墙构造节点图

请跟着正确的节点图画细节。

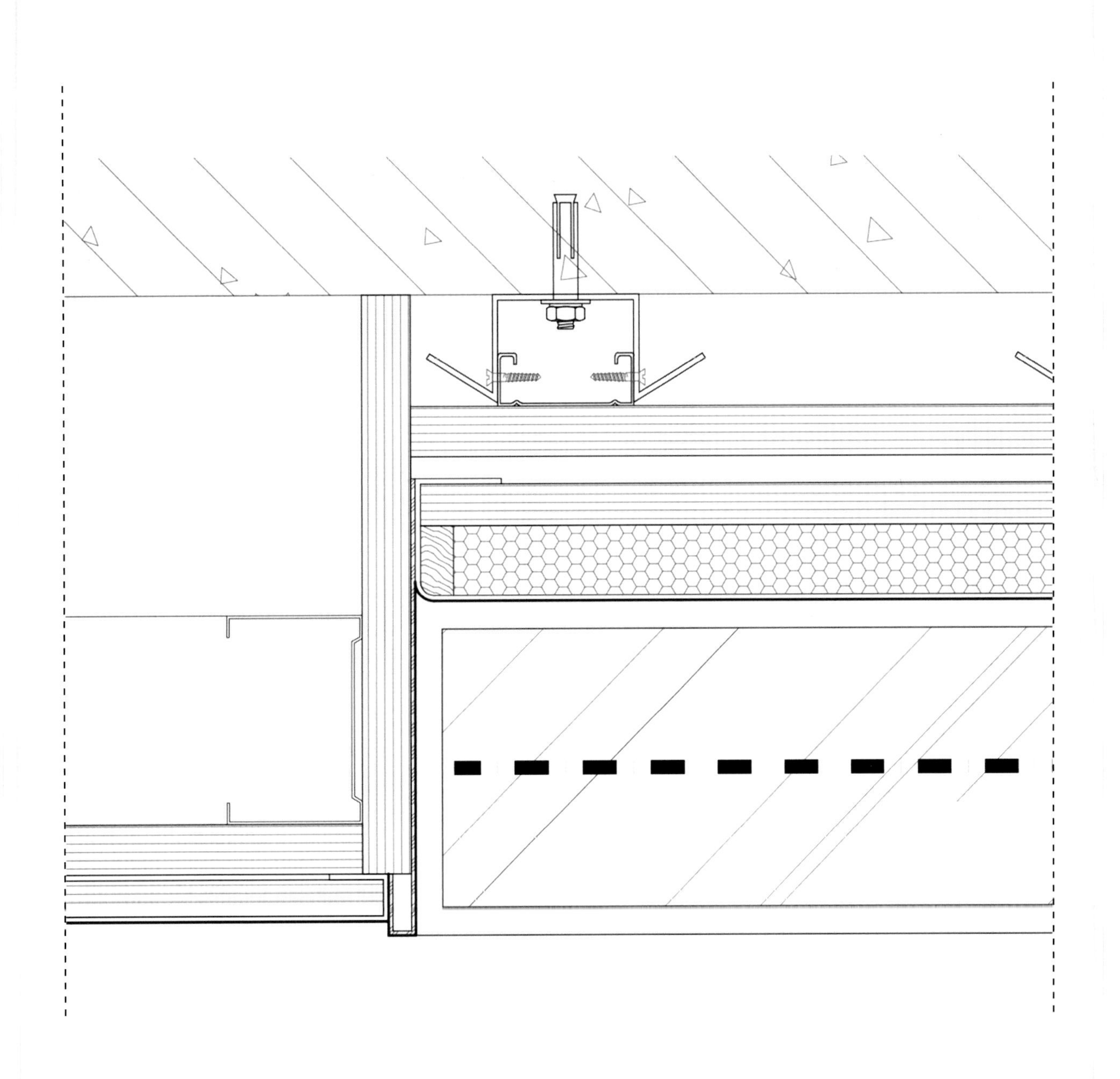

▲ 酒店客房背景墙构造节点图重点部位二次抄绘

PROJECT 19

案例十九

超薄隔墙节点图

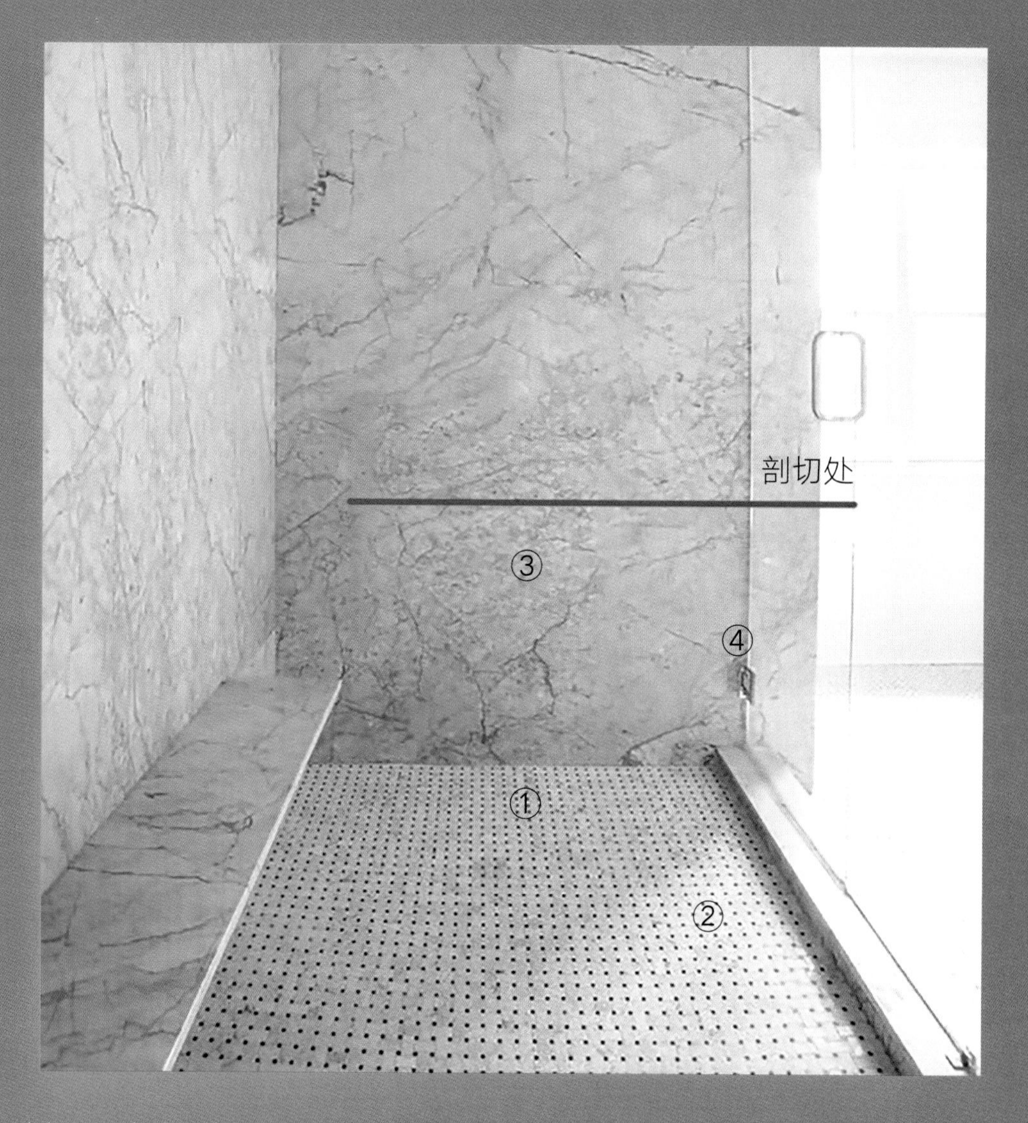

看图中标号，尝试回答下列问题，并画出图上红色剖切处造型的节点图纸。

① 淋浴间设计该留意哪些细节？

② 淋浴间的防水应该怎样处理？

③ 超薄墙体应该怎么做？

④ 玻璃门合页直接与石材固定会稳固吗？

根据图片中的问答标号，查看正确答案。

1 淋浴间设计该留意哪些细节？

在工装空间中，卫生间内通常包括淋浴间、马桶间、浴缸区、洗面台区等几个独立的区域，这里只讲淋浴间应该注意的几个细节。

● 应考虑顶喷花洒、手持花洒、水龙头的高度及它们与吊顶面、立面的关系。通常，出水龙头距离地面的高度为 900mm ~ 1100mm（齐腰高度）。同时，花洒的位置应尽量与平面墙体居中对齐。

● 地漏点位应靠近花洒，且位置要么在靠墙面一侧的地面正中心，要么在边角区域，以方便整体地面找坡，坡度应大于等于 1%。同时，淋浴间地面四周建议设置排水槽，排水槽应低于淋浴间地面不小于 10mm。

● 淋浴间地面应做防滑处理，不能采用光滑的饰面材料。以石材饰面为例，应采用表面做酸洗面或火烧面处理的石材饰面，不建议使用表面有 5mm × 5mm 或 10mm × 10mm 凹槽的石材，因为凹槽的槽口边角非常尖锐，人在使用时很容易被割伤。

● 淋浴间宜采用玻璃门，玻璃门需配置密封磁条，且采用大拉手。玻璃应采用厚度大于等于 5mm 的钢化玻璃。

● 为了装饰效果，酒店、会所、高端别墅等场所最好采用条形地漏或暗地漏。

● 如果淋浴间的玻璃门是到顶封闭的，建议在吊顶内设置排风设备，加速空气流通。

● 在规划淋浴间的功能空间时，应考虑到底是在墙面上做壁龛，还是在饰面上增加角篮来摆放洗浴用品。

● 有些酒店会把晾衣服的挂绳设置在淋浴间，这些功能使用问题也需要设计师考虑。

2 淋浴间的防水应该怎样处理？

通常，淋浴间在做完隔墙后会进行结构闭水验收，验收后会在结构面做一次防水，做完地面找平层后会做第二次防水，两次防水的高度均需做到 1800mm。通常，要用 JS、聚氨酯、丙烯酸等柔性防水涂料来做室内防水。需要明确的是，只有有淋浴设备的空间，防水的高度才需要做到 1800mm，没有淋浴设备的空间做到 300mm 即可。

除了涂刷必要的防水涂料外，在卫生间与过道之间、卫生间干区与湿区的门洞处须做混凝土的反坎，以此避免找平层的水分通过水泥砂浆渗透到无水区域。

3 超薄墙体应该怎么做？

酒店卫生间的墙体都很薄，通常在 100mm 左右。要在 100mm 左右的墙面上做两面石材饰面，唯一的办法就是通过烧钢架做出墙面骨架，然后通过细石混凝土灌浆的形式把钢架墙变为水泥墙，再在水泥墙上刷防水涂料，最后把石材贴在做好的水泥墙面上，完成最终的墙面饰面。

4 玻璃门合页直接与石材固定会稳固吗？

卫生间玻璃门的固定有两种常见的形式：门未靠边时，通过合页与固定玻璃门扇固定在一起；门靠在墙边时，通过合页与墙面固定。

合页固定在玻璃上时，是由合页两面夹住玻璃的，这种形式较为稳固。合页与石材固定时，需要根据玻璃门扇的重量与规格来决定是否需要在石材上预留预埋件来固定合页。类似图中所示空间的淋浴门则可以直接使用 35mm 的自攻螺丝让合页与石材固定，通过石材受力即可。

请根据“完成面信息图”给出的相关完成面信息，结合“标准节点参考图”，尝试自己动手画出案例十九剖切处的“超薄隔墙节点图”。

▲ 完成面信息图

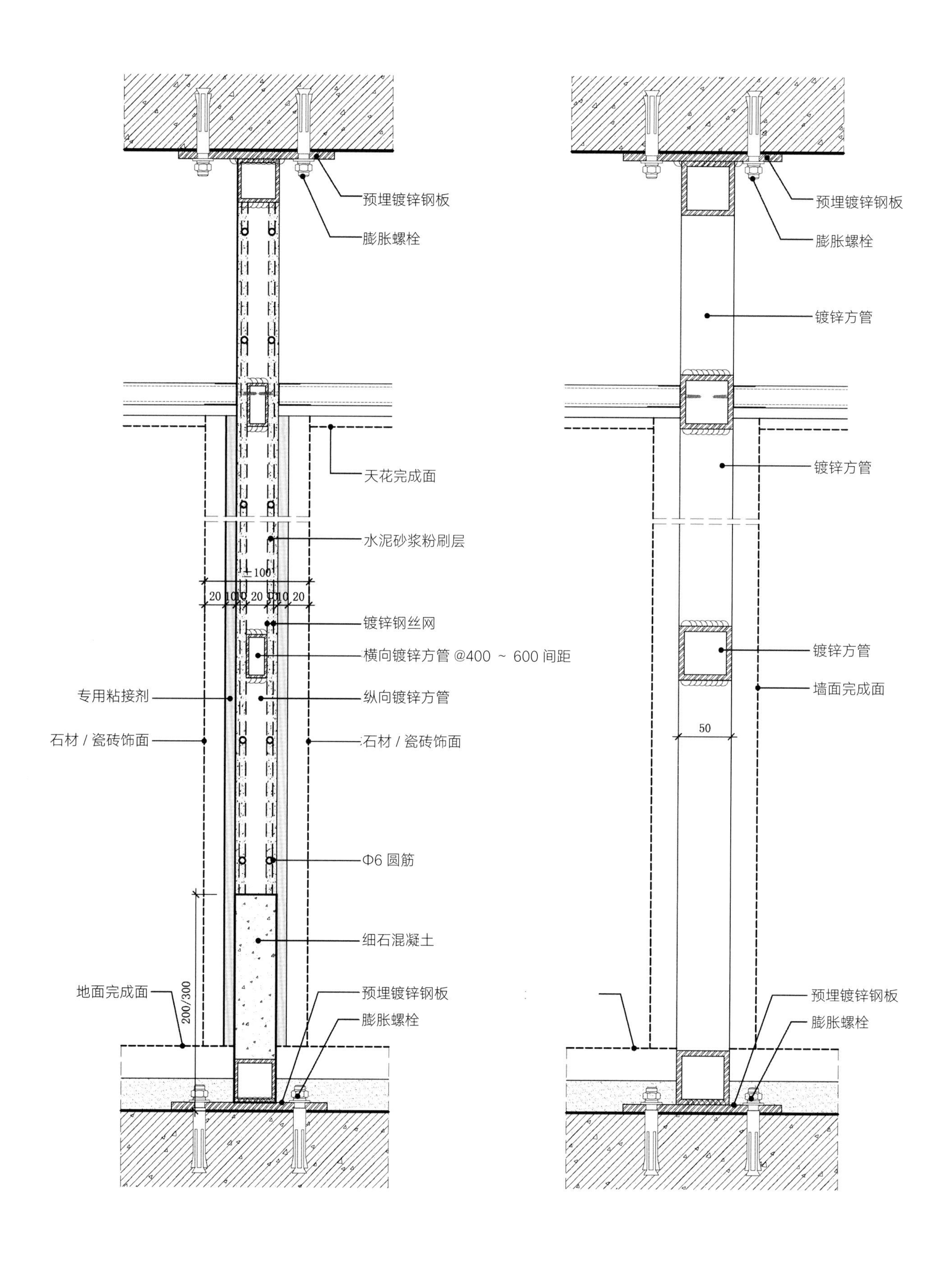

预埋镀锌钢板
膨胀螺栓
天花完成面
水泥砂浆粉刷层
±100
20
10
20
10
20
镀锌钢丝网
横向镀锌方管 @400 ~ 600 间距
专用粘接剂
纵向镀锌方管
石材 / 瓷砖饰面
石材 / 瓷砖饰面
Φ6 圆筋
细石混凝土
地面完成面
200/300
预埋镀锌钢板
膨胀螺栓
预埋镀锌钢板
膨胀螺栓
镀锌方管
镀锌方管
镀锌方管
墙面完成面
50
预埋镀锌钢板
膨胀螺栓

▲ 标准节点参考图

扫码查看视频，教你如何使用标准图集，解决节点问题，完成案例节点的绘制。

扫码之前，请先根据书中提供的卡片兑换《dop 工艺节点提升计划》第一季电子版观看权限。

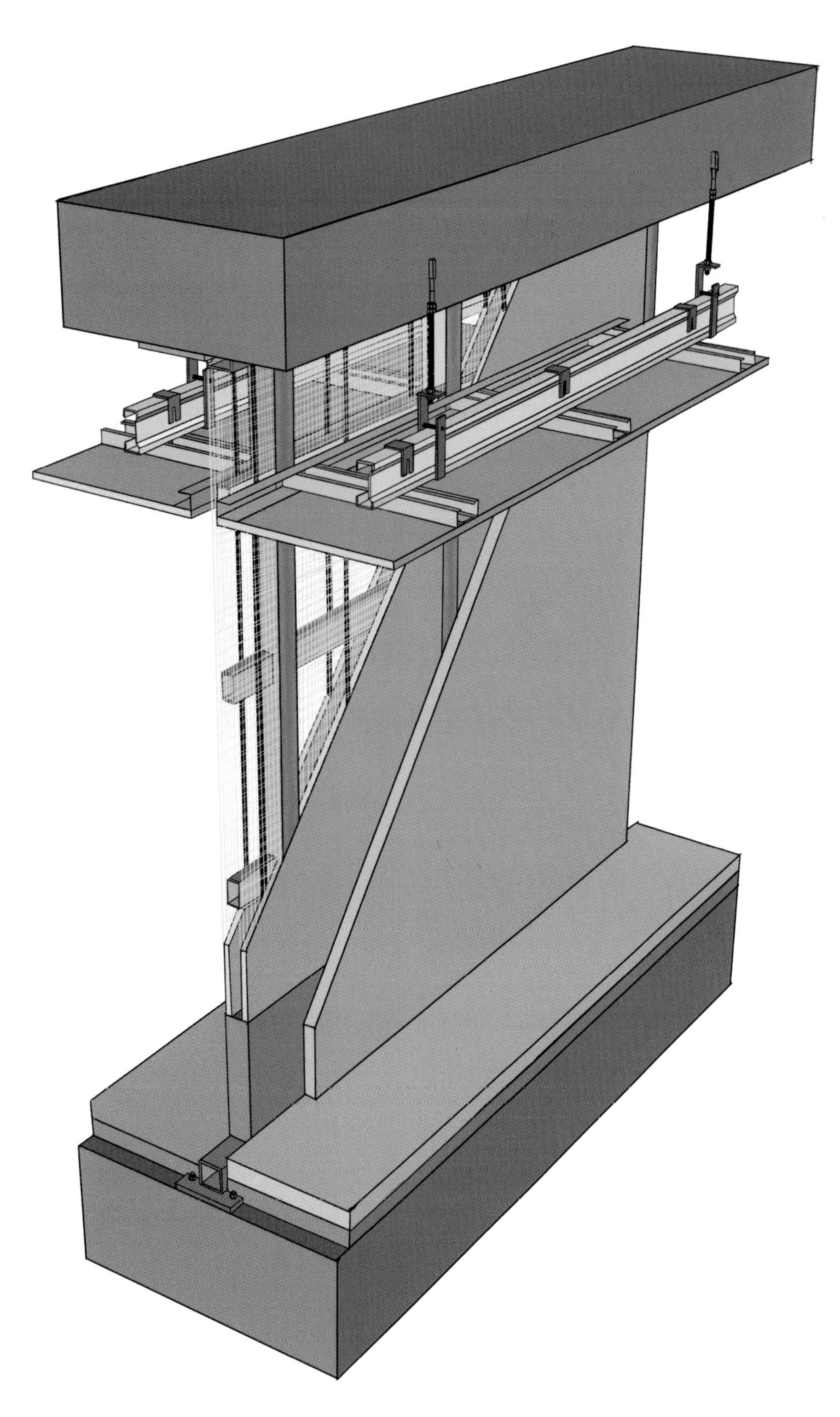

▲ 标准节点参考图（三维示意）

公布答案：

正确的“超薄隔墙节点图”如下图所示，你画对了吗？

如果没画对，别灰心，建议多临摹几遍正确的图纸，让自己彻底掌握主流的超薄隔墙节点图画法。

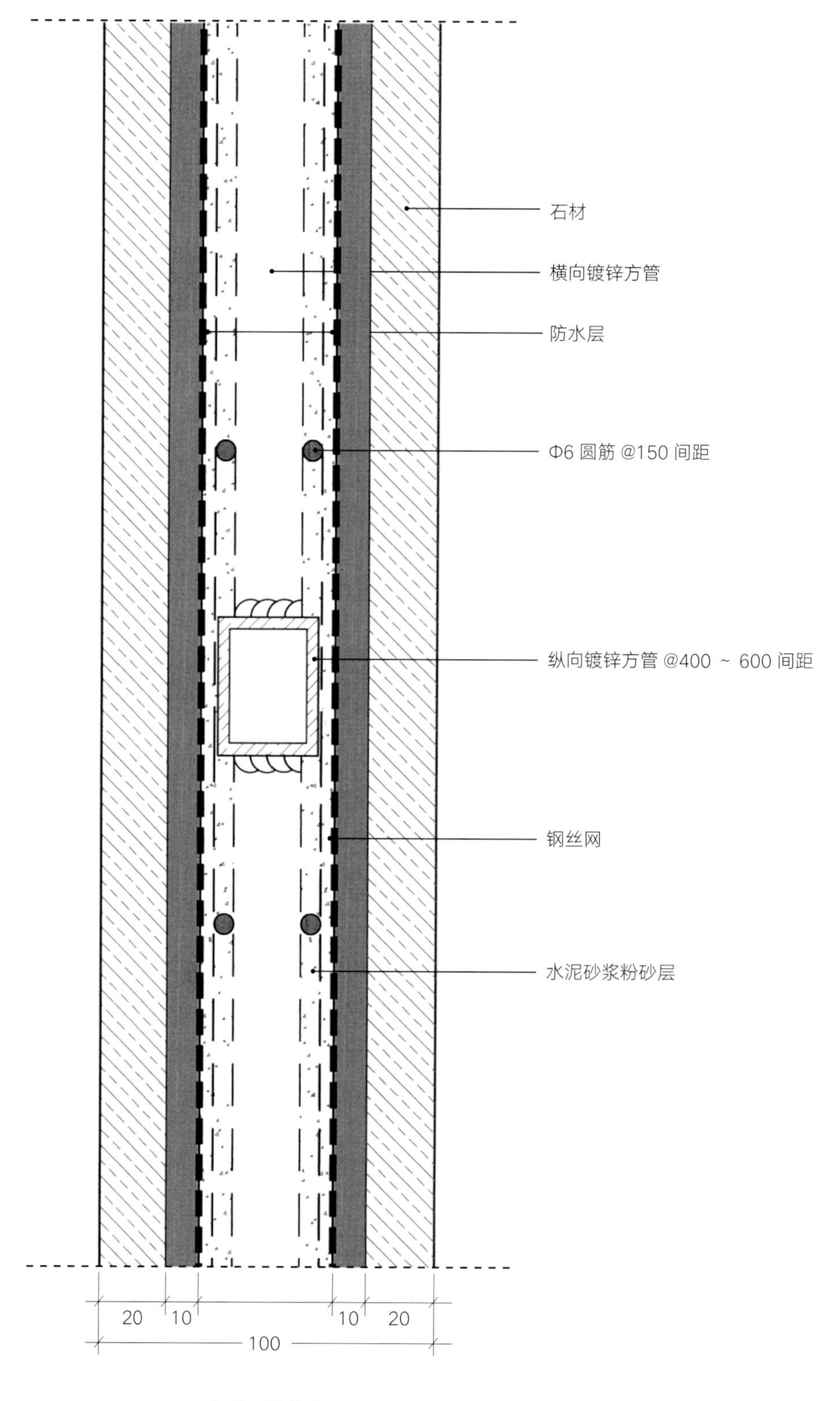

▲ 超薄隔墙节点图

请跟着正确的节点图画细节。

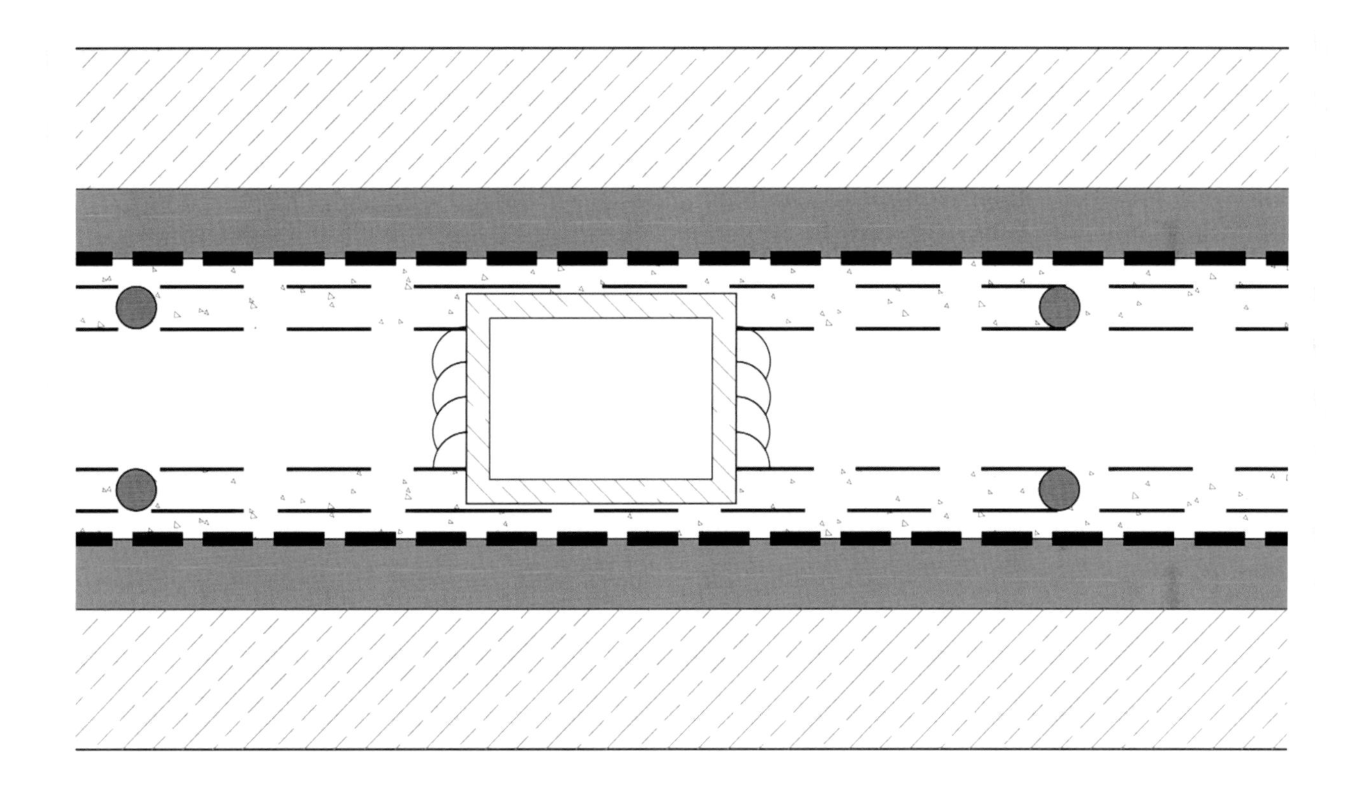

▲ 超薄隔墙节点图重点部位二次抄绘

PROJECT 20

案例二十

木地板与石材密缝收口节点图

看图中标号，尝试回答下列问题，并画出图上红色剖切处造型的节点图纸。

① 木地板做密缝收口时应注意什么？

② 图中的不锈钢隔断是怎样固定的？

③ 如果在吊顶上做木饰面，有什么规定吗？

④ 设计中岛吧台时应注意什么？

⑤ 木地板常规的收口方式有哪些？

根据图片中的问答标号，查看正确答案。

1 木地板做密缝收口时应注意什么？

因为木地板是一种受热胀冷缩影响非常严重的材料，所以木地板在收口时，通常会使用收口条。但目前，在越来越多的案例中，为了体现空间的品质及设计的效果，会直接将木地板与其他地面饰面进行密缝收口。这样的做法对木地板的材料以及现场施工的水平要求极高，并且采用这种做法，收口处必然会因材料的热胀冷缩出现缝隙。如果可以接受后期的这些问题，那么可以从工艺和材料上想办法，尽可能延长出现缝隙的时间。具体方法如下：

- 使用含水量低的地板，如实木复合地板、强化地板等。
- 做好地板区域基层的防潮处理。
- 在地板与石材交接处 50mm 左右的区域满铺结构胶，将地板固定在找平面上，并通过胶体增加地板的牢靠度。

2 图中的不锈钢隔断是怎样固定的？

固定这种独立的不锈钢隔断条首先需要在地面预制预埋件（如膨胀螺栓），然后用不锈钢套住预埋件，并与地面的预埋件焊接。

同时，不锈钢隔断要插入吊顶至少 50mm，然后在吊顶内部用角钢（或轻钢龙骨）做好加固的骨架，同样通过焊接的方式固定单条不锈钢隔断的顶端。通过这样“一顶一地”的固定形式确保不锈钢隔断的牢固性。

3 如果在吊顶上做木饰面，有什么规定吗？

在消防规范上有明确的规定：一类公共建筑的室内空间顶面装饰必须采用防火等级达到 A 级的材料，否则是通不过消防验收的。A 级材料是不燃材料，木饰面肯定达不到这样的等级，那么，既想要顶面是木饰面的效果，又要满足消防要求，就只有用替代材料来做饰面，如金属蜂窝复合木饰面、木纹转印铝板等。

以上规定针对的是公共建筑的吊顶材料，图中的空间为住宅空间，不受该规定限制，因此，在顶面采用木饰面时，只要保证其固定形式牢固即可。

4 设计中岛吧台时应注意什么？

- 应考虑吧台区域的防水处理，具体处理方式参照本书前面讲到的酒店干湿分区的做法。
- 应根据该中岛吧台的使用功能合理预留电源插座位，同时，合理安排电源插座的位置。
- 吧台的边角区域建议做倒角处理，避免人在走动过程中出现磕碰。

5 木地板常规的收口方式有哪些？

除图中所示的密缝处理外，通常情况下，木地板的收口都是采用金属收口条来实现的，其收口方式主要有以下三种：

- 两种地面材质之间的过渡收口，如地毯和地板之间、石材和地板之间。
- 地面材质的收边收口，如高低差收口、材料临边收口等。
- 地面材质的贴墙收口，如靠墙收口、地脚线收口、压条收口等。

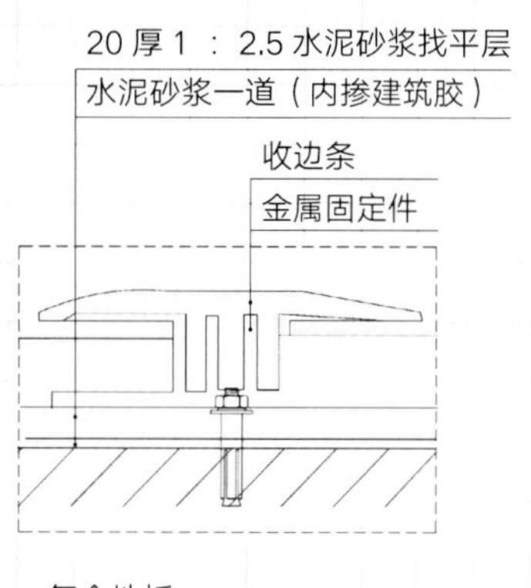

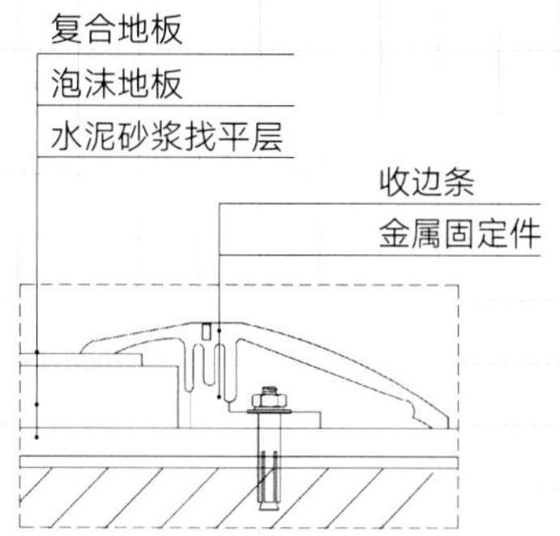

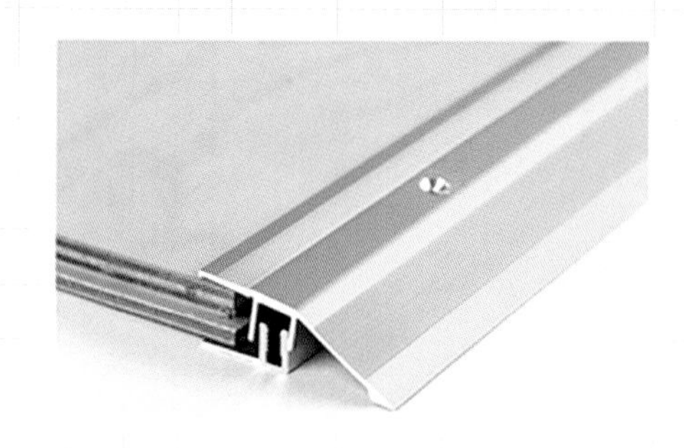

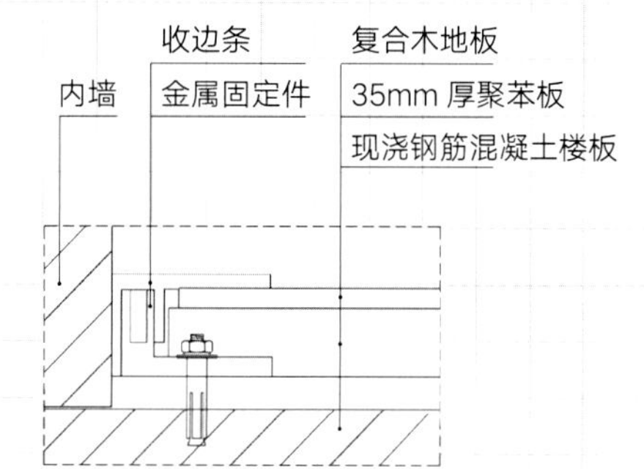

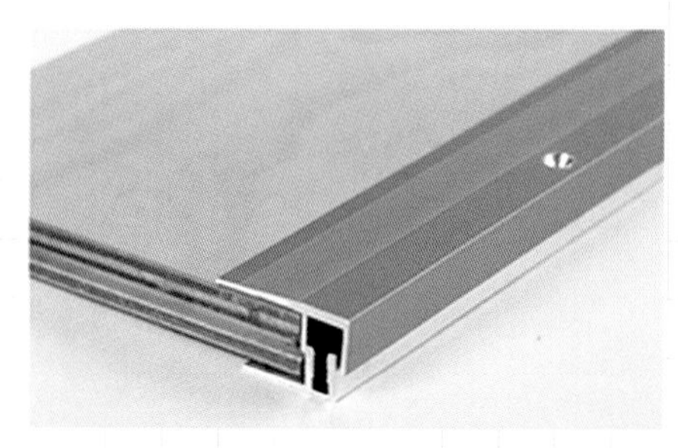

请根据“完成面信息图”给出的相关完成面信息，结合“标准节点参考图”，尝试自己动手画出案例二十剖切处的“木地板与石材密缝收口节点图”。

▲ 完成面信息图

扫码查看视频，教你如何使用标准图集，解决节点问题，完成案例节点的绘制。

扫码之前，请先根据书中提供的卡片兑换《dop 工艺节点提升计划》第一季电子版观看权限。

▲ 标准节点参考图（三维示意）

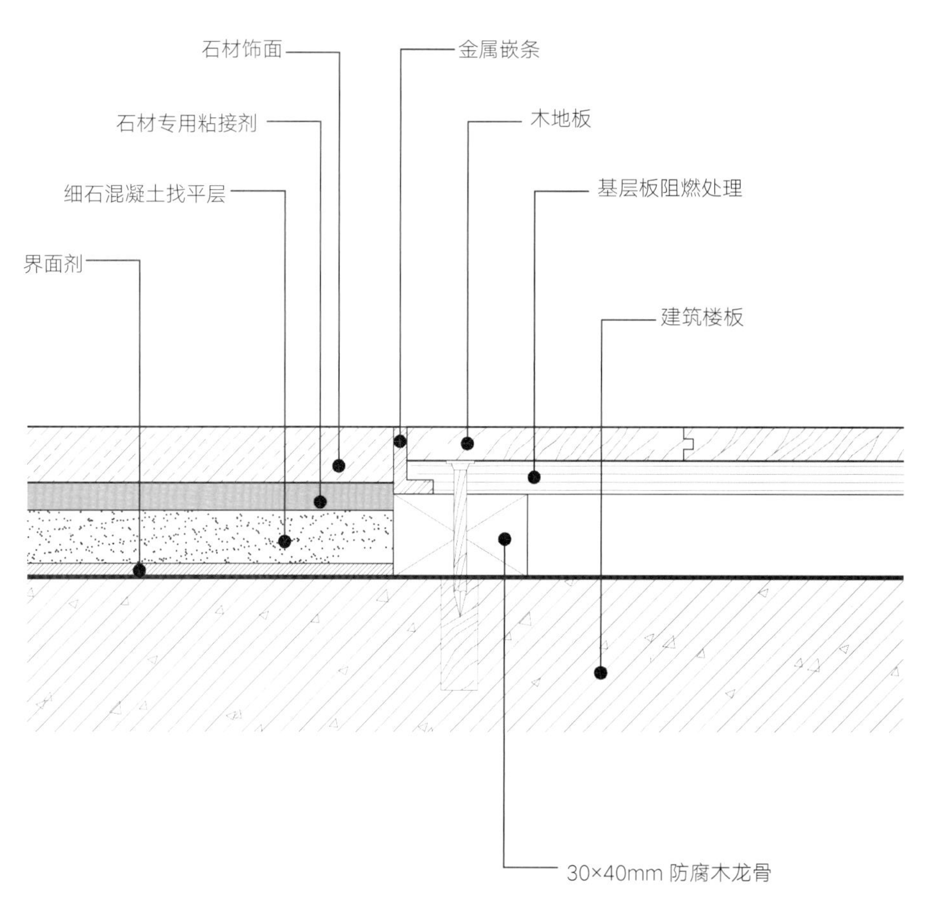

▲ 标准节点参考图

公布答案：

正确的“木地板与石材密缝收口节点图”如下图所示，你画对了吗？

如果没画对，别灰心，建议多临摹几遍正确的图纸，让自己彻底掌握主流的木地板与石材密缝收口节点图画法。

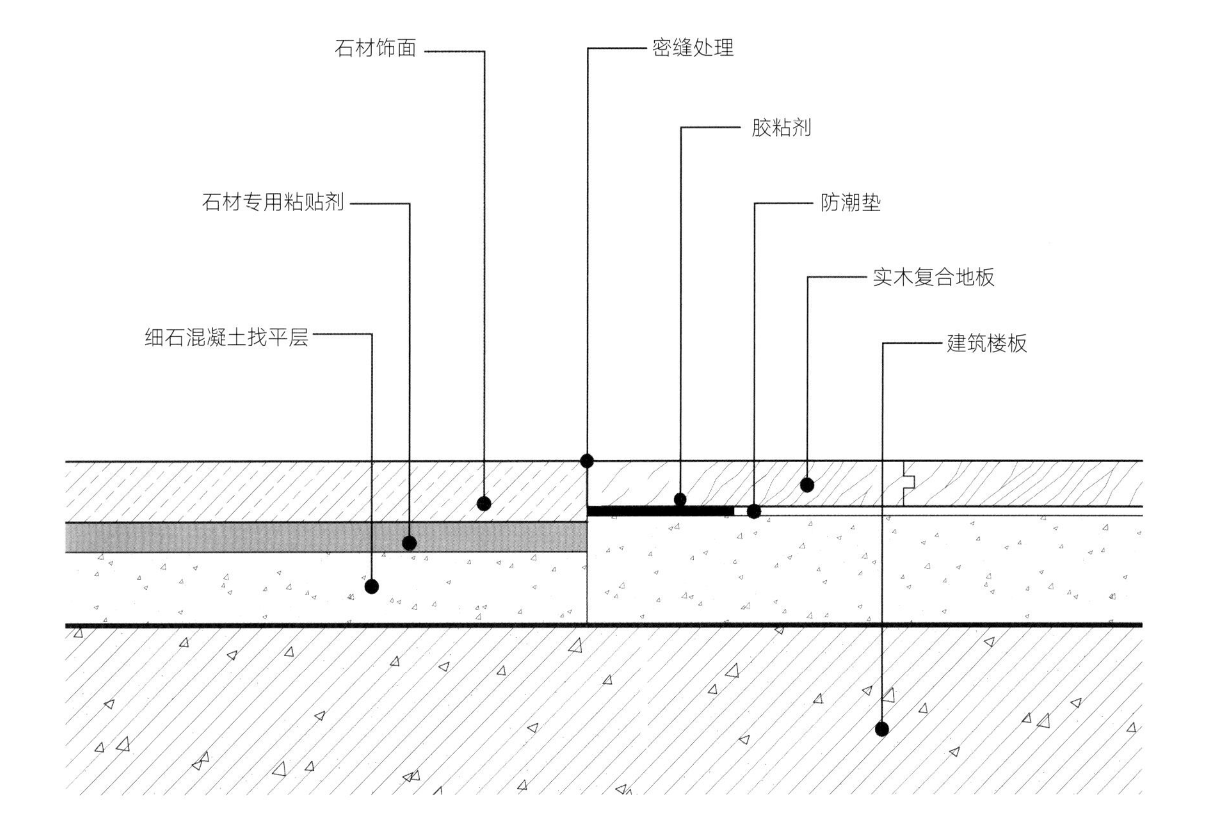

▲ 木地板与石材密缝收口节点图重点部位二次抄绘

参考资料

1.《室内设计师必知的 100 个节点》，韩力炜、郭瑞勇主编，江苏凤凰科学技术出版社

2.《室内设计节点手册：常用节点》，赵鲲、朱小斌、周遐德著，同济大学出版社

3.《内装修—墙面装修》13J502-1

4.《内装修—室内吊顶》12J502-2

5.《内装修—楼（地）面装修》13J502-3

6.《楼梯栏杆及扶手》JG/T 558-2018

7.《住宅设计规范》GB 50096-2011

8.《民用建筑设计统一标准》GB 50352-2019

9.《建筑装饰装修工程质量验收标准》GB 50210-2018

10.《建筑内部装修设计防火规范》GB 50222-2017

11.《建筑设计防火规范》GB 50016-2014（2018 年版）